初歩の物理

― 力学・電磁気入門 ―

岡山大学名誉教授
理学博士

小野文久 著

裳華房

THE ABC'S OF PHYSICS

by

FUMIHISA ONO, DR. SC.

SHOKABO

TOKYO

はじめに

　高等学校のカリキュラムが大きく変わり，大学の入学試験の方式もいろいろなバリエーションで実施されるようになりました．そのため，理系の学部の1年生で物理学を受講する同じ1つのクラスの中でも，高等学校の物理をきちんと学習した人，学習したけれどもあまり身に付かなかった人，全く学習しなかった人が混在している場合がよく見うけられます．そのため，補習授業という形で，物理に自信を持たない人や高等学校で学習しなかった人を対象としたクラスを設けているところも多くなってきました．

　また，学期がセメスター制となり，1科目の授業を1セメスター（半年間）で履修することが原則となってきました．これにより，大学や学部・学科によっては1セメスターで「力学」と「電磁気学」の両方を学ぶ場合や，それぞれを1セメスターずつ学習する場合など，学習する時間（期間）にもいろいろなバリエーションが出てきました．

　一方，文系の学部でも，将来，自分が活躍する社会で物理学の知識を身に付けておいた方が良いと考える人が少なからずいます．これらの人の中には物理学に自信がある人や，実際に物理学を必要とする方面を志す人も含まれますが，「全く初めてだけど，少しだけ学んでみようか」と考える人も多いと思います．

　この本は，物理学の主要な部分である「力学」と「電磁気学」の入門書として，上で述べたバリエーションの広いクラスにふさわしいテキストを目指したものです．特に，高等学校の物理を学ばなかった人，物理に自信のない人にとって読みやすいように配慮しました．さらに，単なる高等学校の物理の補習としてだけでなく，物理学で必要な「微分」，「積

分」の概念を，これらを初めて学ぶ人にとっても，その意味と手法および利用法が修得できるように組み立てました．全体をできるだけ短くまとめましたので，気軽にクイズを解くような感覚で，ぜひ最後まで読み通してみて下さい．

　なお，補充問題とその解答が裳華房のホームページ (https://www.shokabo.co.jp/) からダウンロードできるようになっているので，ぜひ活用して下さい．

　この本の執筆を強く勧めて頂き，大変丁寧な助言と修正，さらに絶え間ない激励を頂きました，裳華房編集部の小野達也氏に厚く御礼申し上げます．

2008 年 秋

著　者

目　　次

I. 力 学 入 門

1. 単位と物理量
 1.1 物理学の基本単位 ………………………………………………… *2*
 1.2 物理学で扱う量　－物理量－ …………………………………… *3*
  1.2.1 位置ベクトル ……………………………………………… *4*
  1.2.2 速度 ………………………………………………………… *5*
  1.2.3 加速度 ……………………………………………………… *7*
 章末問題 ……………………………………………………………… *8*

2. 運動の法則
 2.1 運動の法則 ………………………………………………………… *9*
 2.2 物体同士にはたらく力 …………………………………………… *11*
  2.2.1 万有引力 …………………………………………………… *11*
  2.2.2 クーロン力 ………………………………………………… *13*
  2.2.3 摩擦力 ……………………………………………………… *14*
 2.3 力の合成と分解 …………………………………………………… *17*
 章末問題 ……………………………………………………………… *18*

3. いろいろな運動
 3.1 等速度運動 ………………………………………………………… *20*
 3.2 等加速度運動 ……………………………………………………… *22*
 3.3 等速円運動 ………………………………………………………… *23*
 3.4 単振動と波 ………………………………………………………… *27*
  3.4.1 波を表す式　－波動関数－ ……………………………… *27*
  3.4.2 単振動 ……………………………………………………… *29*
  3.4.3 波 …………………………………………………………… *31*
 章末問題 ……………………………………………………………… *34*

4. 仕事とエネルギー
4.1 仕事 …………………………………………………………………… 37
4.2 位置エネルギー ……………………………………………………… 38
4.3 運動エネルギー ……………………………………………………… 40
章末問題 ………………………………………………………………… 42

5. 運動量と角運動量
5.1 力積と運動量保存則 ………………………………………………… 43
5.2 2つの物体の衝突 …………………………………………………… 45
5.3 角運動量 ……………………………………………………………… 47
章末問題 ………………………………………………………………… 50

II. 電磁気入門

6. 電気と電場
6.1 摩擦電気 ……………………………………………………………… 52
6.2 2つの電荷同士にはたらく力 ―クーロンの法則― ……………… 53
6.3 電場と電気力線 ……………………………………………………… 55
6.3.1 電気の「場」―電場― ……………………………………… 55
6.3.2 電場の方向を表す線 ―電気力線― ………………………… 57
6.4 ガウスの法則 ………………………………………………………… 58
6.4.1 電気力線の本数に関係した法則 ―ガウスの法則― ……… 58
6.4.2 ガウスの法則を用いて電場を求める方法 ………………… 60
6.5 電位と電圧 …………………………………………………………… 61
6.5.1 電場の中の位置エネルギー ―電位― ……………………… 61
6.5.2 2点間の電位の差 ―電圧― ………………………………… 63
6.6 コンデンサーと誘電体 ……………………………………………… 64
6.6.1 電気をためる ―コンデンサー― …………………………… 64
6.6.2 コンデンサーの接続 ………………………………………… 66
6.6.3 コンデンサーの極板間に誘電体を挟んだ場合 …………… 67
章末問題 ………………………………………………………………… 69

7．電　流

- 7.1 電流とオームの法則 ……………………………………………… *71*
  - 7.1.1 電流 ……………………………………………………… *71*
  - 7.1.2 オームの法則 …………………………………………… *72*
  - 7.1.3 電流がする仕事 (消費電力) …………………………… *73*
- 7.2 抵抗と直流回路 …………………………………………………… *74*
  - 7.2.1 抵抗の接続 ……………………………………………… *74*
  - 7.2.2 複雑な回路の電流を求める −キルヒホッフの法則− …… *75*
- 章末問題 ………………………………………………………………… *76*

8．磁気と磁場

- 8.1 磁気におけるクーロンの法則と磁束密度 ……………………… *78*
  - 8.1.1 磁気におけるクーロンの法則 ………………………… *78*
  - 8.1.2 磁束密度 ………………………………………………… *80*
- 8.2 フレミングの法則とローレンツ力 ……………………………… *81*
  - 8.2.1 磁場中で流れる電流が受ける力 −フレミングの左手の法則− ……… *81*
  - 8.2.2 磁場中で動く電荷が受ける力 −ローレンツ力− ……………………… *82*
- 8.3 電流がつくる磁場 ………………………………………………… *83*
  - 8.3.1 ビオ−サバールの法則 ………………………………… *83*
  - 8.3.2 直線電流がつくる磁場 ………………………………… *84*
  - 8.3.3 アンペールの法則を用いた磁場の計算 ……………… *85*
- 8.4 電磁誘導の法則とコイルに蓄えられるエネルギー …………… *86*
  - 8.4.1 ファラデーの電磁誘導の法則 ………………………… *86*
  - 8.4.2 コイルに蓄えられるエネルギー ……………………… *88*
- 章末問題 ………………………………………………………………… *89*

9．過渡現象と交流回路

- 9.1 抵抗とコンデンサーを含む回路 ………………………………… *90*
- 9.2 抵抗とコイルを含む回路 ………………………………………… *92*
- 9.3 抵抗，コイル，コンデンサーを含む交流回路 (*RLC* 回路) …… *93*
- 9.4 共振と電磁波 ……………………………………………………… *95*
  - 9.4.1 共振 ……………………………………………………… *95*
  - 9.4.2 アンテナからの電波の発射と電磁波 ………………… *96*
- 章末問題 ………………………………………………………………… *98*

クイズの答え……………………………………………………………… *100*
章末問題解答……………………………………………………………… *102*
索　引……………………………………………………………………… *118*

I. 力学入門

　力学は，物理学の中で最も基本的で重要な分野であり，現在の学問体系の基礎はニュートンによって確立されました．ニュートンの法則を中心とするニュートン力学は，ガリレイによる惑星の運動の観測，コペルニクスによって唱えられた「地動説」などに始まった天体の中の惑星の動き方を理論的に説明するために確立されたともいえます．

　一方，私たちの日常生活でも，物理学，特に力学はいろいろな場面で登場します．摩擦力がなければ人は歩くこともできませんし，自転車に乗るときも，車を運転するときも，スポーツをしたり遊園地で遊ぶときも力学が関わっています．

　このように，力学はとても身近な分野なのです．ぜひ，本書で力学を学んで，その知識を日常生活の中で活かしてみて下さい．

1

単位と物理量

　物理学で取り扱う量（パラメーター）を「物理量」とよび，すべての物理量には単位が付けられている．これらの単位のほとんどは人間が勝手に付けたものであり，歴史的にも変化を遂げてきたものもある．現在では MKS–SI 単位系としてほぼ統一されている．

1.1　物理学の基本単位

　物理現象を考えるためには，ある広がりをもった空間が必要である．また，扱う相手として質量（あるいはエネルギー）をもった物体が必要である．さらに，時間が流れていなければならない．この3つの要素のどれが欠けても物理学は成り立たない．

　物理学でよく用いられる単位系は MKS–SI 単位系とよばれるもので，M は空間の大きさを測る単位でメートル (m)，K は質量の単位でキログラム (kg)，S は時間の単位で秒 (s) である．

物理学の基本3要素の単位

空間（大きさ）： m, km, mm, μm, nm など

質量： kg, ton, g, mg, μg など

時間： s（秒）, ms, μs, ps など

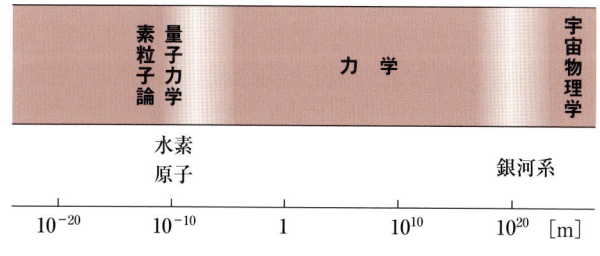

図 1.1　空間における力学の範囲

ナノメートル（1 [nm] = 10^{-9} [m]）というサイズは，原子の大きさ（水素原子の直径 1.06×10^{-10} m）の約 10 倍の大きさを表す．ナノテクノロジー（ナノテク）はこの大きさの原子の集団を取り扱う技術であり，材料や電子素子などの分野で研究が進められている．

力学（ニュートン力学あるいは古典力学などともよばれる）が対象とする大きさは基本的にナノメートルより大きい範囲であり，それ以下の大きさを扱うのは量子力学とよばれる分野である．また，大きいサイズの方では惑星の運動や銀河系（直径 約 10^{20} m）の運動などまで扱われ，それ以上の大きさを扱うのは宇宙物理学とよばれる分野である．

1.2　物理学で扱う量　−物理量−

物理学では，質量・時間・位置・速度・加速度・力・エネルギーなどといった量を扱う．これらの量は物理量とよばれ，大きさだけをもち方向性をもたないスカラー量と，大きさと方向性の両方をもつベクトル量に分けることができる．

　　　スカラー量：　質量，時間，エネルギー，仕事など
　　　ベクトル量：　位置，速度，加速度，力など

ひとくちメモ

　ベクトル量は扱いが難しいと考える人が多いですが，実際には人間の感覚として自然に備わっている量なので，ごく普通に大きさを考え，必要に応じて方向を扱うことにすれば，意外と簡単なものであることがわかってきます．目的地へ急いで行くのに近道を探すことや，野球のバッターがボールを打つ場合など，ベクトル量を扱っているのに，それを全く意識していない場合が多いのです．

　力学ではベクトル量は非常に多く出てきますが，難しいなどと考えず，ごく普通の量として気軽に扱えるようになりましょう．

　一般に，ベクトル量を表すにはイタリック体（斜めに傾いた文字）の太文字か，文字の上に矢印を付けて表す．本書では太文字を用いて，ベクトル量を r, v, a, F などと表すことにしよう．

クイズ

① 物理学で取り扱う量（パラメーター）を特に物理量とよび，力 F，エネルギー E，速度 v など多くの量があるが，それらの中で最も重要で基本的な量が3つある．それは何か？

1.2.1　位置ベクトル

　力学では大きさをもつ物体を扱うが，その大きさを無視して，物体をその重心に全質量が集まったと見なす質点として扱うのが質点の力学とよばれるものである．

　まず最初に，考える力学の問題を最も解きやすいように空間に座標を決める必要がある．1次元（直線），2次元（平面），3次元（空間）座標のどれを使うか，その種類（例えば直角座標か極座標かなど）をどうするか，そして，その空間（座標）のどこに質点があるかも決めることが大切である．

位置ベクトルは，原点からどの方向にどれだけ離れた位置に質点があるかを表す物理量であり，その大きさを表す単位としてはメートル (m) が使われる．質点が原点から r_1 まで移動し，次にそこからさらに r_2 だけ移動した場合，最終的に到達した位置は位置ベクトルを r として

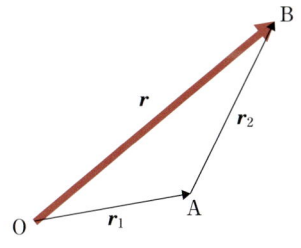

図 1.2 　図形で考えた2つのベクトルの和

$$r = r_1 + r_2$$

と表される．式の上では単純な和として扱えばよいが，実際に2次元以上の空間で扱うには 2.3 節で述べるような計算が必要となる．

ひとくちメモ

　2つのベクトルの和を計算するには，成分に分けてそれぞれの和をとる方法が使われます．詳しくは，まとめて2.3節で説明します．

1.2.2 　速　度

　車の速度違反を取り締まるときに使われるレーダースピードメーターは，マイクロ波（電波）を車に当てて，反射して

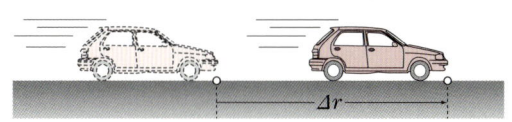

図 1.3 　昔の速度違反取締りでの速度測定

帰ってくる波の波長が車の速度に関係して短くなっていることを利用したものである．この方式が使われる以前は，道路上に2本のコード（線）を一定の間隔で並べ，車が1本目のコードを踏んでから2本目を踏むまでの時間を測って速度を割り出す方式であった．そのため，1本目のコードを踏んで運転手がブレーキをかければ速度超過とされないこともあったそうである．

速度*の大きさだけを表す場合には方向は無視するので、厳密には速さという言葉を使い、ベクトル量ではなくスカラー量で表す。いま、物体が位置 r_1 から r_2 まで Δr 移動するのに Δt 秒の時間がかかったとすると

$$（平均の）速さ\ v = \frac{動いた距離}{かかった時間} = \frac{\Delta r}{\Delta t}$$

で表される。ここで、Δ（デルタ）は物理量の変化（差）を表す記号である。

次に、速度（瞬間速度）で表すには、"かかった時間"を限りなく小さくとる、言い換えると、時間間隔を無限小にする必要がある。そこで、記号 Δ を d に変えて、

$$（瞬間）速度\ v = \frac{dr}{dt} \tag{1.1}$$

と表す。これは数学で学んだ微分と同じものであり、速度とは位置を時間で微分したものであることを表している。速度 v の単位は [m/s]（メートル毎秒）である。

ひとくちメモ

頭の中では、「速度 v は位置ベクトル r を時間 t で微分したもの」と読むようにしましょう。物理学では、このような微分がよく出てきます。その意味と使い方に慣れましょう。

クイズ

② 位置ベクトル r と速度 v の方向は次のどちらが正しいか？
  (1) 必ず同じ方向である　(2) 必ずしも同じ方向ではない

ヒント いまの位置は位置ベクトル r で表され、速度 v はそこからどちらの方向へ動いていくかに関係する。

---

* 速度は大きさと方向をもつベクトル量なので、速度ベクトルとは書かずに単に速度とした。

1.2.3 加速度

車に乗ってアクセルを踏んだり，ブレーキをかけたりすると，速度の時間変化が起こる．これが加速度*である．加速度の大きさについても，速度の大きさ（速さ）の場合と同じような形で

$$（平均の）加速度の大きさ a = \frac{速度の変化}{かかった時間} = \frac{\Delta v}{\Delta t}$$

で求められる．そして，かかった時間を無限小にとると，

$$加速度\ \boldsymbol{a} = \frac{d\boldsymbol{v}}{dt}$$
$$= \frac{d}{dt}\left(\frac{d\boldsymbol{r}}{dt}\right)$$
$$= \frac{d^2\boldsymbol{r}}{dt^2} \tag{1.2}$$

と表すことができる（ここで (1.1) の関係を使った）．加速度は速度を時間で微分したものであり，言い換えると，位置ベクトルを時間で 2 回微分したものである．また，加速度 $\boldsymbol{a}$ の単位は $[\text{m/s}^2]$（メートル毎秒毎秒）となる．

> **ひとくちメモ**
>
> 「位置」-「速度」-「加速度」の 3 者の関係は理解できたでしょうか？これらを結び付けている物理量は「時間」です．右隣へ移る必要がある場合には時間で微分を，左隣へ移る場合には時間で積分をすればよいのです．

---

* 加速度も速度と同じく大きさと方向をもつベクトル量であるが，加速度ベクトルとは書かずに，単に加速度とした．

章末問題

[1] 2次元の場合，ベクトルの引き算 $\boldsymbol{A} - \boldsymbol{B}$ はどのようにして求めたらよいか？ 図を使って説明せよ．

[2] 「速度とは位置ベクトルを時間で微分したものである」の内容を，自分の言葉でもう一度，初めての人にもわかるように説明してみよ．

[3] 微小な dt 秒間に，速度 v の大きさは変わらなかったが，方向が $d\boldsymbol{v}$ だけずれた．この場合の加速度 $\boldsymbol{a}$ はどのようになるか？ 図を使って説明せよ．

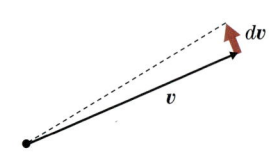

[4] 1次元で，位置 r が図 (a)，(b) のように時間変化しているとき，速度 (速さ) はどのようになるかを図示せよ．

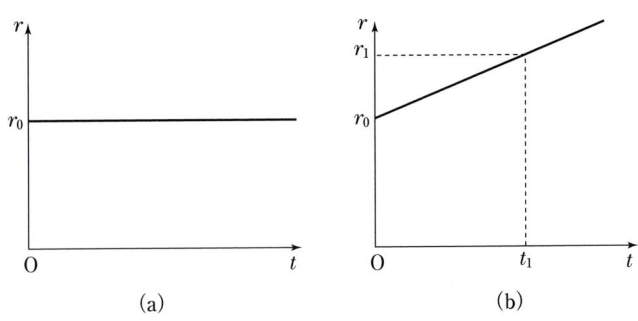

(a)　　　　　　　　(b)

[5] 列車が，ある方向に一定の速度で走行している．いま，ある位置で，東向きの列車の速度を観測すると 60 km/h であった．また，北向きの速度を観測すると 80 km/h であった．列車の進行方向とその方向の速度を求めよ．

2

運動の法則

電車や車に乗って加速したりブレーキをかけたりすると，加速度あるいは力を感じる．しかし，特にどちらかを感じたとわかる人は少ないであろう．加速度と力という言葉は日常生活ではどちらも同じような意味に使われている場合が多い．しかし物理学では，力も加速度もそれぞれ別々に測ることができる（測定可能な）別個の物理量として扱う．加速度は，速度を時々刻々と測り，その変化をかかった時間で割ればよい．力は物体が運動をしていなくても，止まっている場合でもバネ秤りなどで測ることができる．

2.1 運動の法則

力と加速度との間にはどういう関係があるだろうか？ 力が加わらなければ速度は変化せず，加速度はゼロのままである．止まっている物体は永久に静止し続け，動いているものはそのまま等速直線運動をする．このような性質を慣性とよび，このことを慣性の法則または運動の第1法則とよぶ．

これまでの多くの実験を通して，力と加速度は比例することがわかっている．つまり

$$F \propto a \tag{2.1}$$

と表せる（$\propto$ は比例を表す記号）．一般に y が x に比例する場合は $y = ax$ と書けて，a は比例定数またはグラフの勾配とよばれることから，(2.1) の関係も比例定数を m として

$$F = ma \qquad (2.2)$$

と表すことができる.

この比例定数 m は力を加えられている物体（質点）の質量に他ならない.

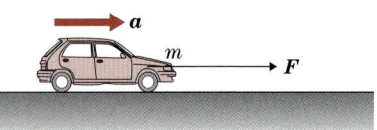

図 2.1 力と加速度の関係

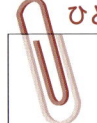 **ひとくちメモ**

力と加速度は比例し，その比例定数 m が質量です.

この関係は運動の第 2 法則または(ニュートンの) 運動の法則とよばれている. (2.2) の a に (1.2) を代入した

$$F = m\frac{dv}{dt} \qquad (2.3)$$

さらに，この式の v に (1.1) を代入した

$$F = m\frac{d^2 r}{dt^2} \qquad (2.4)$$

あるいは，これらの式の右辺と左辺を入れ替えたものはどれも運動方程式とよばれている.

(2.3) は 1 階の微分方程式，(2.4) は 2 階の微分方程式とよばれる形である．これらは力 F が何かの形で与えられれば位置ベクトル r を変数とした方程式であり，条件によっては簡単に解くことができる.

例えば F が時間によらない定数であれば，(2.3) の両辺を時間 t で積分すれば速度 v が求まり，また，(2.4) の両辺を t で 2 回積分すれば位置ベクトル r が求まる.

力 F の単位は (2.2) の右辺で質量 m が [kg]，加速度 a が [m/s^2] であるから [kg m/s^2]（キログラムメートル毎秒毎秒）となる．これをあらためて [N]（ニュートン）と書き，力学で重要な単位である.

> **ひとくちメモ**
>
> 物理学で出てくる重要な式や法則の多くは比例関係を表したものです.その意味で,これから出てくる数式も決して難しいものではありません.

また,運動の第3法則として,作用・反作用の法則ともよばれるものがある.2つの物体(AとB)が互いに力を及ぼし合っている場合,AがBに及ぼす力(作用)とBがAに及ぼす力(反作用)は互いに大きさが等しく,方向が反対である.運動の第3法則は,2つの物体(質点)の衝突の問題でよく使われる.

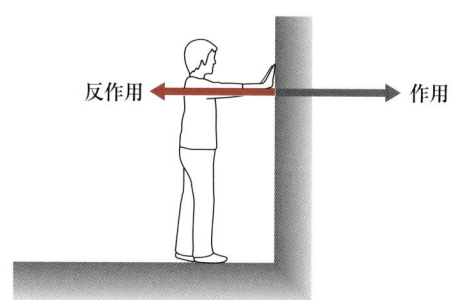

図 2.2 作用と反作用の関係

2.2 物体同士にはたらく力

力学では,物体(質点)を押したり引いたりする力を F として扱っているが,2つの物体間にはたらく本質的な力としては,万有引力とクーロン力がある.

2.2.1 万有引力

万有引力はリンゴが木から落ちるのをニュートンが見て思いついたといわれている.質量 m_1, m_2 をもった2つの質点が距離 r だけ離れているとき,両者の間にはたらく力はそれぞれの質量に比例し,距離の2乗に反比例することが実験でわかっている.例えば,互いの距離が2倍に

なれば力は1/4になり，それぞれの質量のどちらが2倍になっても，力は2倍になる．

$$F \propto m_1, m_2, \frac{1}{r^2}$$

この関係を等式で表すと，共通の比例定数として G を用いて

$$F = -G\frac{m_1 m_2}{r^2} \qquad (2.5)$$

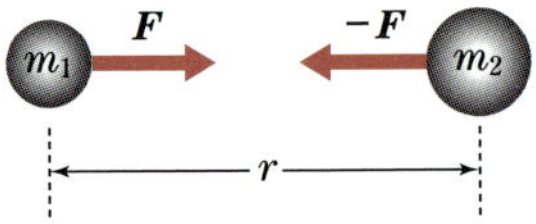

と書ける．ここでマイナス記号は r が増加する方向と逆の方向に力がはたらく（引力）からである．G は万有引力定数とよばれていて，

$$G = 6.673 \times 10^{-11}\,[\mathrm{m^3/kg\,s^2}]$$

である．

図 2.3 万有引力は，物体間の距離の2乗に反比例し，それぞれの質量に比例する．

この万有引力定数は，1797年にイギリスのキャベンディッシュにより初めて正確に測定された．当時は，現在のような精密な電子機器がなかったため，高感度な測定をするために光梃子の原理を利用して，万有引力による微小な鏡の振れによる光の反射の方向を拡大して測定したのである．

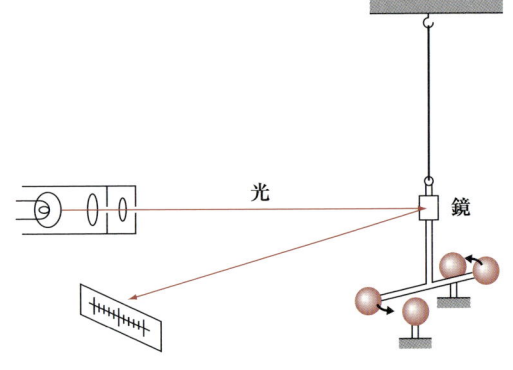

図 2.4 キャベンディッシュによる万有引力定数の測定装置（光梃子）

質量 $m\,[\mathrm{kg}]$ の物体にはたらく地球からの引力の大きさは重力加速度の大きさ

$$g = 9.8\,[\mathrm{m/s^2}]$$

を用いて mg と表される．この g の値は地球上の位置によって多少変化するが，便宜上，一般にこの値を用いることが多い．

質量 m の物体にはたらく重力の大きさは，下向きの加速度の大きさ a を重力加速度の大きさ g として，

$$F = mg$$

と表される．

もちろんここでも，加速度の単位 $[\text{m/s}^2]$ と質量の単位 $[\text{kg}]$ から，力の単位は $[\text{kg m/s}^2] = [\text{N}]$ となっている．

③　1Nの力は次の3つの果物のうち，どの重力にほぼ等しいだろうか？
　　　(1) スイカ　　(2) リンゴ　　(3) サクランボ

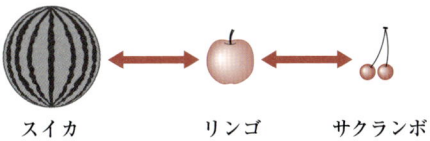

図 2.5　1Nの力の大きさは3つの果物のうち，どれの重力に近いか？

2.2.2　クーロン力

本書の電磁気学のところで学ぶことになるが，電気を帯びた2つの質点の間にはたらく力はクーロン力とよばれる．この力についても万有引力の場合と同じ比例関係が成り立ち，2つの電気量 q_1, q_2 の間にはたらく力の大きさは

$$F = \frac{1}{4\pi\varepsilon_0} \frac{q_1 q_2}{r^2} \tag{2.6}$$

と表される．

この式の形は比例係数の違いはあるが，q_1 を m_1，q_2 を m_2 とみると万有引力の場合と同じ形である．ただしクーロン力では，電気量の正負によって反発力（斥力）と引力の両方がある．ここで ε_0 は真空の誘電率とよばれる定数であり，$1/4\pi\varepsilon_0$ をまとめて 1 つの比例定数と考えればよい（$1/4\pi\varepsilon_0 = 8.988 \times 10^9$ [kg m^3/s^2 C^2]）．

2.2.3 摩 擦 力

力学で扱う力は，マクロな力の場合が多く，いわゆる，押したり引いたりする力（外力ともいう）や重力の他に，摩擦力や遠心力，コリオリの力などがある．ここでは摩擦力について説明し，遠心力については後で述べることにする．

机の上に物体を置くと，その物体には重力がはたらいているにもかかわらず，物体は静止している．これは，重力の反作用として面の抗力が上向きにはたらいていて，この力が重力とつり合っているために物体が静止していると考えられる．

④ 鏡のようにツルツルに磨かれた金属平面の上に，同じように下面をツルツルに磨いた金属の物体を置いた場合と，接する両側の面をザラザラにした場合とで，どちらが摩擦が大きいだろうか？

図 2.6 同じ金属同士の摩擦

いま，物体を水平方向に押すとき，ある大きさ以上の力が加わると物体は滑り出す．物体が静止しているぎりぎりの力を(最大)静止摩擦力とよび，物体が動き出すと，急に力は軽くなったように感じる．このとき感じている力を滑り摩擦力(動摩擦力)とよぶ．

摩擦力の中で一番小さいものは転がり摩擦力とよばれるものである．平面上に球または円柱を静かに置くと，面をほんの少しだけ傾けても，これらは転がり始める．転がっているときに受ける摩擦力が，転がり摩擦力である．このように，転がり摩擦力は静止摩擦力に比べて非常に小さい．

一般的に，摩擦力の大小には次の関係がある．

　　　　転がり摩擦力　＜　滑り摩擦力　＜　静止摩擦力

車輪などの軸受けにボールベアリングがよく使われるのは，摩擦力を最小にするためである．

⑤　凍った下り坂の左急カーブを曲がるためにハンドルを左にきったら，車の前輪がスリップしてそのまま直進してしまった．ハンドル操作をどのようにすれば助かる可能性が出てくるか？

図 2.7　凍った下り坂でのハンドル操作

最大静止摩擦力は物体と面との間にはたらく力，すなわち面からの垂直抗力 N に比例する．これが摩擦の法則である．

$$F \propto N$$

このときの比例定数を μ_0 とすると

$$F = \mu_0 N \qquad (2.7)$$

と表せて，この μ_0 を静止摩擦係数という．

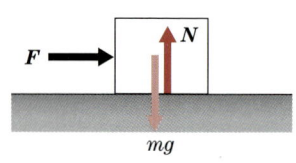

図 2.8 面からの垂直抗力

摩擦力は，互いに接触している面と面が粗い方が大きいというのが常識とされているが，必ずしもそうではない．摩擦の原因はいろいろあり，接触する面を構成する原子の間にはたらく引力（原子間力）も関係する場合がある．

特に，同種の金属間にはこれがはたらき，ピストンとシリンダーを同一材料で作ると，いわゆる焼き付きを起こすことがある．ねじの場合も同じであるが，この場合は間に油をさせば問題は解決する場合がよくある．

静止摩擦係数 μ_0 を簡単に調べるには，面を傾けて，物体が滑り始めるときの面の角度を調べればよい．斜面の角度を θ とすると物体を滑らせる重力の斜面に平行な成分は $F = mg \sin\theta$ であり，このときの面からの垂直抗力は $N = mg \cos\theta$ となるので，これを $F = \mu_0 N$ の関係式に代入すると

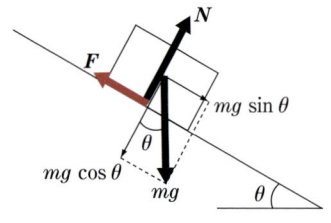

図 2.9 物体が斜面を滑り始めるときの斜面の角度と摩擦力

$$\mu_0 = \tan\theta \qquad (2.8)$$

と求められる（次節の力の合成と分解を参照）．

2.3 力の合成と分解

前節の摩擦のところで出てきたように，物体に加わる力の方向と物体が動くことができる方向が異なるような場合には，力を互いに垂直な2つ（2次元）あるいは3つ（3次元）の方向の成分に分けて考える必要がある．通常はこの分ける方向を座標軸の方向にとるのが便利な場合が多く，各座標軸方向の成分を用いて力 F を $F = (F_x, F_y, F_z)$ のように表すこともある．

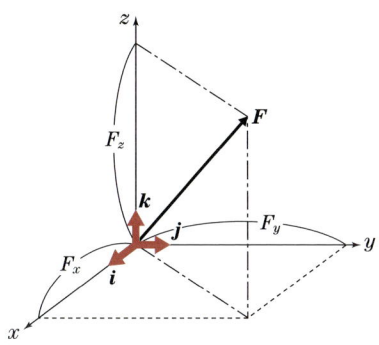

図 2.10 ベクトルの (x, y, z) 成分と基本ベクトル (i, j, k)

各座標軸方向を向き，大きさが1であるベクトル（単位ベクトル）の組を基本ベクトルとよび，(i, j, k) で表す．この表示を用いると，F を x, y, z 軸方向に投影したベクトルはそれぞれ $F_x i, F_y j, F_z k$ と表される．図からわかるように，この3つのベクトルの和が F となる．

$$F = F_x i + F_y j + F_z k \tag{2.9}$$

このような表示（ベクトルの成分表示）を用いれば，力の場合に限らず，一般に任意の2つのベクトル

$$A = A_x i + A_y j + A_z k, \quad B = B_x i + B_y j + B_z k \tag{2.10}$$

の和（合成）は

$$A + B = (A_x + B_x)i + (A_y + B_y)j + (A_z + B_z)k \tag{2.11}$$

と表される．すなわち，合成された力（ベクトル）は，もとの2つのベクトルの各成分同士の和を成分にもつベクトルとなる．

このようなベクトルの成分表示を用いれば，多数のベクトルの和や積を計算で求めることができる．

章末問題

[**1**] 運動の法則（第1，第2，第3法則）を，自分の言葉でもう一度，初めての人にわかるように説明せよ．

[**2**] 慣性の法則で，"静止している物体（質点）"とはどういう意味であろうか？"宇宙の中で静止しているもの"があるかどうかを考えて議論してみよ．

[**3**] 同じ質量 m をもつ2つの重い金属球（質点と見なす）を，距離 r [m] 離して長さ l の糸で吊るした．

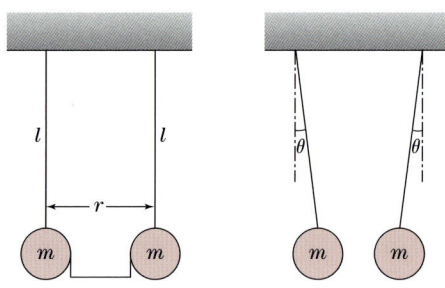

(a) まず，どちらも傾かない（まっすぐ吊るされている）ようにしているとき，両球にはたらく万有引力の大きさを求めよ．

(b) 次に，両球が角 θ だけ傾いてつり合って静止したとき，糸の傾き角 θ [rad] を求めよ．ここで θ は小さいとして $\sin\theta \fallingdotseq \theta$ と近似できるとする．

[**4**] 傾き角 θ が調節できる粗い斜面の上に，質量 m の物体を静かに置いた．

(a) 物体が滑っていないとき，物体にはたらく重力 mg の分力，摩擦力 F，斜面が物体に及ぼす垂直抗力 N を図示せよ．

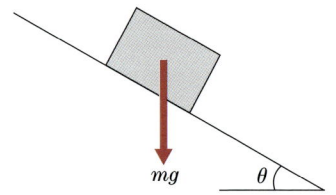

(b) 斜面と物体の間の静止摩擦係数が 0.5 であるとき，θ を増加させていくと物体は何度で滑り始めるか？

[5] A君，B君，C君の 3 人が 1 つの物体を取り合って別々の方向に引っ張り合っている．それぞれが最大の力（比が 3:4:5 である）を出しても物体が静止しているのはどういうときか？ 図を用いて答えよ．

[6] いま，鉛直な壁に向かってまっ直ぐに立っている．両手を水平に上げ，壁を力 F で押しているとき，壁と床と自分にはたらいているすべての力を図示せよ．

3

いろいろな運動

　日常生活において見られる物体や人間などの運動は複雑であるが，それらは基本的な運動を部分的につなぎ合わせることによって分析することができる．ここでは基本的な運動である等速度運動，等加速度運動，等速円運動，単振動などについて理解しよう．

3.1　等速度運動

　等速度運動は等速直線運動ともよばれ，最も簡単な運動である．ある物体が直線上を速度 $\boldsymbol{v}$ [m/s] で t 秒間走ったときに進む距離（ここでは方向も含めて表す（位置ベクトル））$\boldsymbol{r}$ [m] は

$$\boldsymbol{r} = \boldsymbol{v}t$$

と表せる．速度を縦軸にとり，時間（秒）を横軸にとると，等速度運動のグラフは横軸と平行な直線となり，進んだ距離はその直線と軸とで囲まれた図形の面積に等しくなることがわかる．

　(1.1) の左辺と右辺を入れ替えて

$$\frac{d\boldsymbol{r}}{dt} = \boldsymbol{v} = 一定 \quad (3.1)$$

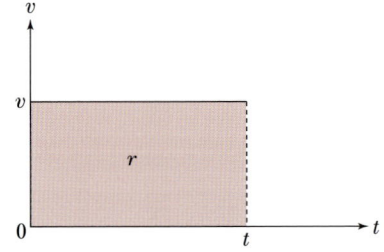

図 3.1　等速度運動の場合，進んだ距離は図の面積となる．

3.1 等速度運動

とした式で，この左辺は位置ベクトル r を時間 t で微分したものであることを思い出すと，微分と積分は互いに逆の関係なので，(3.1) の両辺を t で積分すれば位置ベクトル r が時間 t の関数として求められることになる．このことは，1階の微分方程式を解き，その解を求めることと同じである．

(3.1) の両辺の積分は，v が定数なので積分記号の前に出すことができて，

$$\int \frac{dr}{dt}\,dt = v \int dt$$

となり，積分を実行して，

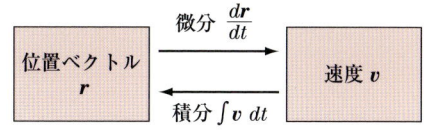

図 3.2 位置ベクトルと速度の関係

$$r = vt + C$$

が得られる．C は積分定数とよばれ，後で，ある条件のもとで決めることができる．

> **ひとくちメモ**
>
> (3.1) の左辺を t で積分すると（微分の逆なので）r になることは明らかです．右辺については，v は定数なので t で積分すると $vt + C$ となることを高校の数学で学んだ人は思い出しましょう（C は積分定数とよばれる定数で，その値は後から決めることができます）．初めての人は $vt + C$ を t で微分すると v になり，(3.1) の右辺に戻ることを理解しましょう．

ここでの積分定数は時刻 0 のときの位置ベクトルを表しているので，これを r_0 とおくと，結局，微分方程式 (3.1) の解は

$$r = vt + r_0 \tag{3.2}$$

と求めることができる．r_0 は $t = 0$ での位置ベクトルなので，t 秒間に進んだ距離は vt となっている．これが図 3.1 の長方形の面積に相当する．(3.1) の両辺を積分するということは，v を t の関数として，t で積

分するということである.

簡単な微分と積分の関係を以下に示す.

x についての微分と積分

x^3		$3x^2$
x^2		$2x$
x	（微分）→	1
$\log x$	←（積分）	x^{-1}
x^{-1}		$-x^{-2}$
x^{-2}		$-2x^{-3}$

3.2 等加速度運動

加速度が一定の運動の代表的な例は，重力がはたらいている場合の運動である．等加速度運動の場合，(1.2) の左辺と右辺を入れ替えて，

$$\frac{d\boldsymbol{v}}{dt} = \boldsymbol{a} = 一定 \tag{3.3}$$

と表せる．この 1 階の微分方程式を前と同じようにして解くと

$$\boldsymbol{v} = \boldsymbol{a}t + \boldsymbol{v}_0 \tag{3.4}$$

となる．ここで積分定数は，$t = 0$ のときの速度 $\boldsymbol{v}_0$ である．これで時刻 t の速度はわかったが，どの位置にいるかはまだわからない．位置ベクトル $\boldsymbol{r}$ を求めるためには，(3.4) を (3.1) に代入して，もう一度，積分すればよい．

$$\boldsymbol{r} = \frac{1}{2}\boldsymbol{a}t^2 + \boldsymbol{v}_0 t + \boldsymbol{r}_0 \tag{3.5}$$

図 3.3 に (3.4) の関係をグラフで示す．(3.4) は縦軸の切片 $\boldsymbol{v}_0$，勾配 $\boldsymbol{a}$ の直線である．図の三角形の部分は底辺 t，高さ at なので，その面積

が (3.5) の右辺の第 1 項となっている．また，長方形の部分は縦 v_0，横 t であり，その面積が第 2 項となっている．つまり，(3.4) を「積分する」ということは (3.4) のグラフの 0 から t までの範囲と縦・横軸で囲まれる部分の面積を求めるのと同じである，とわかる．この部分の面積が物体が時刻 0 から t までの間に移動した距離になっているのである．

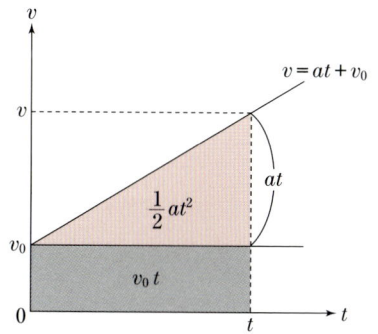

図 3.3　等加速度運動で進んだ距離は，図の三角形の面積となる．

　物体の落下運動は等加速度運動の代表例である．ガリレオがピサの斜塔から軽い（小さい）物体と重い物体を同時に落下させて，地上に同時に到着することを見つけた逸話は有名である．この場合，一定の加速度は重力加速度 g であり，その値は場所により少し変化しているが，ほぼ $g = 9.8\,[\mathrm{m/s^2}]$ である．

3.3　等速円運動

　車に乗ってハンドルを切ったり，電車がカーブを曲がる場合など，円運動は日常生活のいろいろな場面でよく出てくる．複雑なカーブを曲がる運動の場合でも，円運動の微小な部分を次々と組み合わせることによって扱うことができる．

　円運動の中でも等速円運動は一番簡単に扱うことができる．原点 O を中心にして，質量 m の物体（質点）が半径 r の円周上を速度 v で回っている場合，物体の速度は円の接線方向なので大きさは変わらないが，その方向は円運動が進むにつれて変化していく．つまり，速度は変化するので，加速度はゼロではないのである．

回転角をラジアン単位（1回転を 2π ラジアンとする）で測れば，1秒間に回る角度（これを角速度という）ω と r, v との関係は

$$v = \omega r \quad (3.6)$$

と書ける．これは，図3.4に示したように，1秒間に物体が進んだ距離，すなわち物体が描く円弧の長さ (v) が，それを見込む角 ω をラジアン単位で測れば，ωr になることから理解できる．

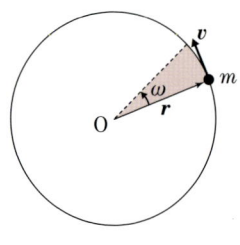

図 3.4 等速円運動．質点 m の位置ベクトル r と速度 v は常に直角である．

> **ひとくちメモ**
>
> このことは，例えば，1秒間にちょうど1回転している場合（$\omega = 2\pi$）を考えると容易に理解できます．
> $$v = \omega r = 2\pi r$$
> となり，ちょうど円周の長さを表すことがわかります．

(3.6) の v と r は本来ベクトルで表される量であるが，それらの方向は明らかに異なっており，円運動では v と r は直角になっている．

(3.6) をベクトルで扱うには，角速度 ω もベクトル量として扱わなければならない．このベクトルを角速度ベクトルといい，その大きさは1秒間に回転する角度 ω とし，その方向は回転軸の方向に右ねじを回してねじが進む方向と定義する．

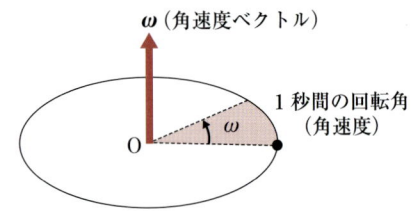

図 3.5 角速度ベクトル．ω は回転面に垂直で，その方向は右ねじを回したときにねじが進む方向と決められている．

この角速度ベクトル $\boldsymbol{\omega}$ を用いると，(3.6) は

$$\boldsymbol{v} = \boldsymbol{\omega} \times \boldsymbol{r} \quad (3.7)$$

と表される．この式の右辺はベクトル積（外積）とよばれる2つのベク

トル量の積である．

(3.7)はより一般的に，原点が回転の中心でなくても，回転軸上にあればどこにあっても成り立つ．図3.6の(a)でも(b)でも，ベクトル $\boldsymbol{\omega}$ の方向からベクトル $\boldsymbol{r}$ の方向に右ねじを回すと，ねじはベクトル $\boldsymbol{v}$ の方向に進むことがわかる．

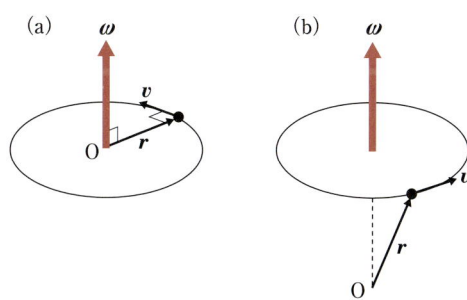

図 3.6 $\boldsymbol{v} = \boldsymbol{\omega} \times \boldsymbol{r}$ の関係
(a) 原点を回転面上にとった場合
(b) 原点を回転軸上にとった場合

ひとくちメモ

ベクトル積で表される新しいベクトル $\boldsymbol{v}$ は
大きさ：$\omega r \sin\theta$（$\boldsymbol{\omega}$ と $\boldsymbol{r}$ の成す角を θ とする）
方向：$\boldsymbol{\omega}$ にも $\boldsymbol{r}$ にも直角であり，$\boldsymbol{\omega}$（先に掛ける方）から $\boldsymbol{r}$
（後から掛ける方）へ右ねじを回して，そのねじが進む方向
と世界共通で決められている．初めての人は，この約束を覚えて，今後ベクトル積が出てきたときには思い出しましょう．

例えば，ベクトル積 $\boldsymbol{A} \times \boldsymbol{B}$ の計算は，成分に分けて，
$\boldsymbol{A} \times \boldsymbol{B} = (A_x\boldsymbol{i} + A_y\boldsymbol{j} + A_z\boldsymbol{k}) \times (B_x\boldsymbol{i} + B_y\boldsymbol{j} + B_z\boldsymbol{k})$
$= (A_yB_z - A_zB_y)\boldsymbol{i} + (A_zB_x - A_xB_z)\boldsymbol{j} + (A_xB_y - A_yB_x)\boldsymbol{k}$
となる．ここで，$\boldsymbol{i} \times \boldsymbol{j} = \boldsymbol{k}$, $\boldsymbol{j} \times \boldsymbol{k} = \boldsymbol{i}$, $\boldsymbol{k} \times \boldsymbol{i} = \boldsymbol{j}$, $\boldsymbol{i} \times \boldsymbol{i} = \boldsymbol{j} \times \boldsymbol{j} = \boldsymbol{k} \times \boldsymbol{k} = 0$ を用いた．

いったん，速度がベクトル積の形で書ければ，加速度 $\boldsymbol{a}$ を求めることは容易であり，(3.7)を時間 t で微分して，

$$\boldsymbol{a} = \frac{d\boldsymbol{v}}{dt} = \frac{d}{dt}(\boldsymbol{\omega} \times \boldsymbol{r}) = \frac{d\boldsymbol{\omega}}{dt} \times \boldsymbol{r} + \boldsymbol{\omega} \times \frac{d\boldsymbol{r}}{dt} \quad (3.8)$$

と表せる．(3.8)の右辺の第1項は等速円運動（$\boldsymbol{\omega}$ が一定）の場合はゼロとなるので，

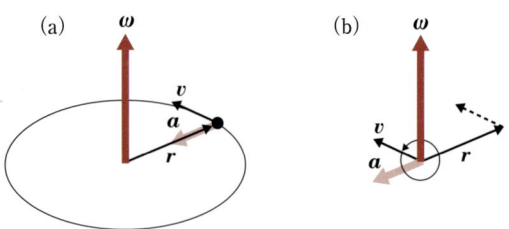

図 3.7 等速円運動における加速度の方向. v を平行移動して考えるとよい.

$$a = \omega \times \frac{dr}{dt} = \omega \times v = \omega \times (\omega \times r)$$

となる．ベクトル積の定義に従えば，加速度 a の方向は回転の中心に向いている．

> **ひとくちメモ**
>
> このことを理解するには，図 3.7 (a) の v を平行移動して，その始点を原点に一致させてみるとよいでしょう．ベクトルは一般に平行移動させてもその効果は変わらないのです．このようにして図 (b) を描き，$\omega \times v$ というベクトルの方向を調べてみると，ω から v の方向 (180°より小さい角度を成す方向) に右ねじを回して，結局，このベクトルはベクトル r の正反対の方向であることがわかります．

等速円運動をしている物体 (質点) の質量が m であれば，これにはたらいている力は

$$F = ma = m\omega \times (\omega \times r) \tag{3.9}$$

となる．これは向心力とよばれ，実際に物体にはたらいている力である．また一方で，物体と一緒に回転している座標系で見れば，この力とは反対の方向に遠心力

$$F = -m\omega \times (\omega \times r) \tag{3.10}$$

がはたらいているように見える．この力は見かけの力であり，外から見るとはたらいているようには見えない力である．

遠心力を利用したものに遠心分離機がある．血液中の成分の分離やウイルスの分離，さらに大型のものでは核燃料精製として放射性同位体 ^{238}U と ^{235}U の分離などに利用されている．

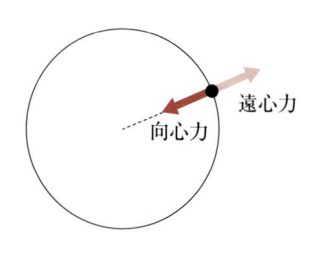

図 3.8 等速円運動において実際にはたらいている向心力と，その反作用としての見かけの力である遠心力．

3.4 単振動と波

単振動も力学の中の基本的な運動の一つであり，振り子，横から見たときの縄跳びの縄の運動，水面に波が立っている場合の水の分子の運動，音が伝わっている場合の空気の分子の運動，固体の中の原子の熱振動など，物理学が関係するいろいろな場面で登場する．

3.4.1 波を表す式 − 波動関数 −

いま，長さ A の糸の片方の端に重りを付けて鉛直面内で角速度 ω で時計回りに回転（等速円運動）させ，この重りの運動を真横から見てみる．この場合，重りは単に上下（y 軸方向）に振動していて，最初，$y = 0$ から出発したとすると，t 秒後には

$$y = A \sin(-\omega t) \tag{3.11}$$

の位置にいることになる．ここで A を振幅といい，ω は円運動の場合と同じく角速度とよぶ．

この運動は，波が伝わっている場合の水面の浮きの動きと同じであり，実は，水の分子 1 個 1 個は円運動をしていて，水の分子自身が波の進行方向に進んでいくわけではないのである．波が進む方向を x 軸の正の

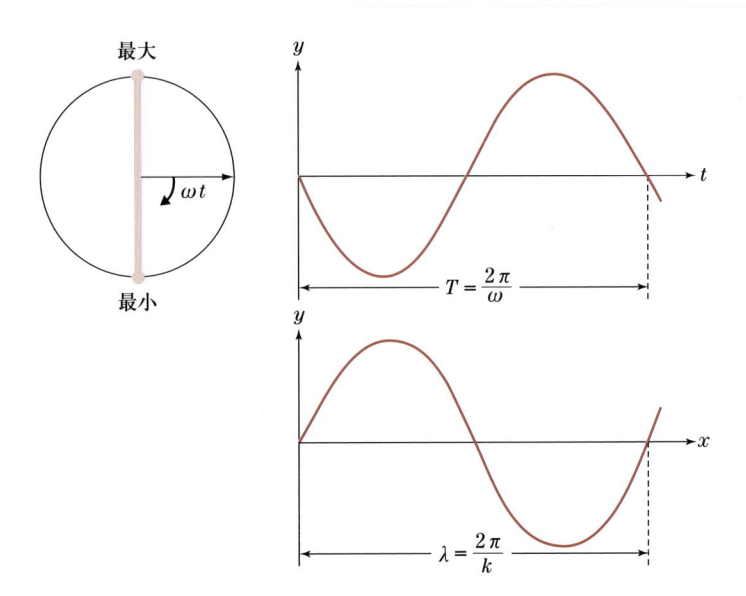

図 3.9 単振動と波が伝わる様子

方向にとると，一つの分子の運動が次々と隣の分子に伝わっていくだけである．このとき y を x の関数で表すと

$$y = A \sin kx \tag{3.12}$$

となり，この k を 波数 とよぶ．

(3.11)，(3.12) はまとめて

$$y = A \sin(kx - \omega t) \tag{3.13}$$

と表すことができる．この関数は (1次元の) 波動関数 とよばれ，力学だけでなく，電磁気学や量子力学にもしばしば登場する．

振動や波を特徴づける定数は，上に出てきた (角速度 ω，波数 k) の2つであるが，より一般的には，周期 T と波長 λ がよく使われる．周期 T は波が1回振動するのに要する時間であり，(3.13) の sin 関数の中の ωt の項がちょうど 2π になるときの t に相当する．

$$\omega t = 2\pi, \qquad t = T$$

周期 T の代わりに,波が 1 秒間に振動する回数である**振動数(周波数)** f もしばしば使われ,

$$T = \frac{1}{f}$$

の関係がある.一方,波長 λ は 1 周期分の波の長さであり,同じく,(3.13) の sin 関数の中の kx の項が 2π になるときの x に相当する.

$$kx = 2\pi, \qquad x = \lambda$$

これらの関係をまとめると,振動(あるいは波)の周期 T,振動数 f と ω の関係は

$$T = \frac{1}{f} = \frac{2\pi}{\omega} \tag{3.14}$$

であり,波の波長 λ と波数 k の関係は

$$\lambda = \frac{2\pi}{k} \tag{3.15}$$

と表される.

次に,これらの波に関する基本的な関係式を利用して,単振動と波について調べてみよう.

3.4.2 単振動

単振動の一つの例として,バネに付けた重りの運動がある.実験によると,バネが重りに与える力は,つり合いの位置からの変位(ずれ)x に比例し,その変位の向きとは逆の方向にはたらく.

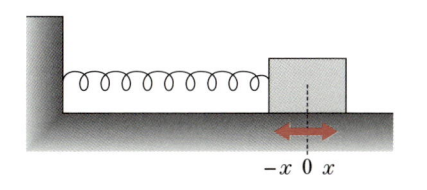

図 3.10 バネに付けた重りの運動

$$F \propto -x$$

この場合の比例定数を k (k は**バネ定数**とよばれる)とおくと

$$F = -kx \tag{3.16}$$

と表される．

　(3.16)は**フックの法則**とよばれ，弾性体の力学の基本法則である．弾性体を変形させるとその変形量に比例して"元に戻そうとする"力がはたらくので，その意味で，(3.16)の右辺には−(マイナス)の記号が付いているのである．

　(3.16)の F に運動方程式 (2.4) で r を x にしたものを代入すると

$$m\frac{d^2x}{dt^2} = -kx \tag{3.17}$$

となる (m は重りの質量)．これは2階の微分方程式であり，解 (一般解) は (3.11) と同様な形で表される．ちなみに，この微分方程式の解を

$$x = A\sin\omega t \tag{3.18}$$

とおいて代入してみると，確かに (3.17) を満たすことがわかる．また，

$$\omega = \sqrt{\frac{k}{m}} \tag{3.19}$$

となることがわかる．さらに，これを (3.14) に代入すると，このときの単振動の周期は

$$T = 2\pi\sqrt{\frac{m}{k}} \tag{3.20}$$

となることがわかる．この式より，バネ定数が大きいと周期はその $-1/2$ 乗に比例して短くなり，重りの質量が大きいと逆に $1/2$ 乗に比例して長くなることがわかる．

　もう一つの代表的な単振動の例として，振り子 (単振り子) の運動がある．

　いま，質量 m の重りが付いた糸の長さ l の振り子が鉛直方向から角 θ だけ振れているとき，つり合いの位置からの重りの移動距離 (変位) は $x =$

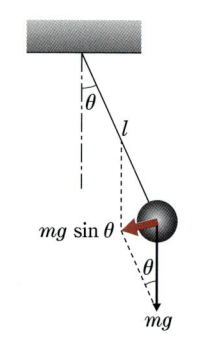

図 3.11 糸で吊された重り (単振り子) の運動

$l\theta$ である.このとき,重りにはたらく重力の,重りの運動方向の成分 $-mg\sin\theta$ が"元へ戻そうとする力"となる((3.16)のときと同じ理由で $-$ が付いている).振れ角 θ が小さいときには $\sin\theta \fallingdotseq \theta$ と近似できるので,重りについての運動方程式は (3.17) の場合と同様の手順で

$$m\frac{d^2x}{dt^2} = -mg\sin\theta \fallingdotseq -mg\theta$$

となる.この式に $x = l\theta$ を代入して整理すると

$$\frac{d^2\theta}{dt^2} = -\frac{g}{l}\theta \tag{3.21}$$

が得られる.

この式は (3.17) とほとんど同じ形であり,θ についての 2 階の微分方程式になっているので,その解も (3.18) と同様に単振動の形 $\theta = A\sin\omega t$ となる.これを (3.21) に代入すると

$$\omega = \sqrt{\frac{g}{l}} \quad \text{および} \quad T = 2\pi\sqrt{\frac{l}{g}} \tag{3.22}$$

が求められる.この式から,振り子の周期は重りの質量には無関係であり,糸の長さの 1/2 乗に比例して長くなることがわかる.

振り子は置時計によく利用されてきたが,正確な時刻を刻むには熱膨張が小さい材料を使うことが最も重要な条件になっている.

3.4.3 波

波は単振動が次々と伝わっていく現象である.水面に広がる波の場合の水のように,波を伝える物質を媒質とよぶ.糸電話の糸を伝わる音の波は 1 次元,水面の波は 2 次元,空気中を伝わっていく音の波は 3 次元に広がっていく.波が伝わる速さ v,振動数 f と波長 λ の間には

$$v = f\lambda \tag{3.23}$$

の関係が成り立つ.

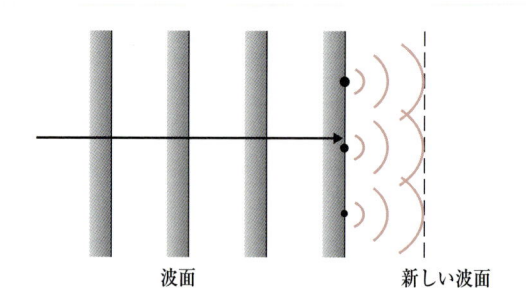

図 3.12 ホイヘンスの原理による新しい波面

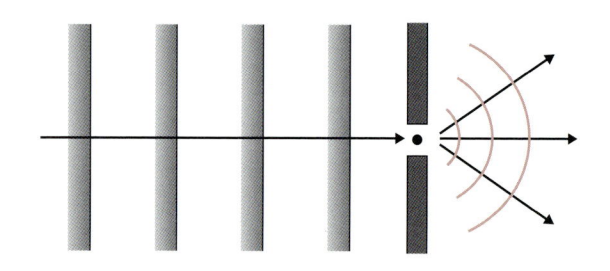

図 3.13 スリットを出た波はスリットの所を新しい波源として広がっていく．

波は回折と干渉という二つの特徴的な性質をもっている．回折の現象はホイヘンスの原理で説明される．一つの波面に注目すると，その波面上の各点から次の波が生じる．この各点からの波面に接する面が次の波面となる．

回折現象はホイヘンスの原理により，波がスリットを通過する場合，その出口が新しい波源となり，ここから新しい波が広がっていくことで説明される．この現象を利用したものに回折格子がある．これは，スリットを等間隔 d で並べたもので，一つのスリットを通り，回折角が θ の方向に進む波とその隣のスリットを通った波との光路差 $d\sin\theta$ が波長 λ の整数倍

$$d\sin\theta = n\lambda \quad (n = 1, 2, 3, \cdots) \quad (3.24)$$

であれば 2 つの波は強め合う．

3.4 単振動と波

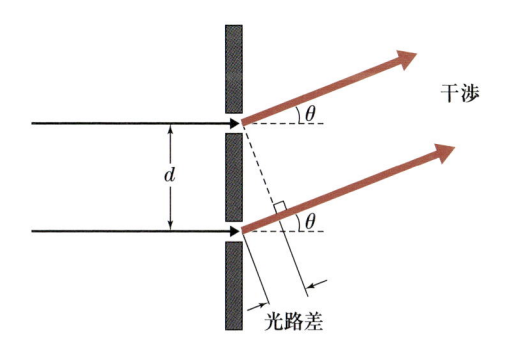

図 3.14 回折格子. 別々のスリットを通った光が干渉する.

2つの波源から振動数が少しだけ異なる波が発射された場合を考える. この現象をある場所で観測してみる. 観測点を原点にとってよいので, 波の式 (3.13) で $x = 0$ とおき, 一方の波の振動数を f_1, 他方を f_2 とおくと, これらの波の和 (波の合成) は $\omega = 2\pi f$, および三角関数の和の公式を使って,

$$Y = A\{\sin(-2\pi f_1 t) + \sin(-2\pi f_2 t)\}$$
$$= -2A \sin\left(2\pi \frac{f_1 + f_2}{2} t\right) \cos\left(2\pi \frac{f_1 - f_2}{2} t\right)$$

図 3.15 2つの波 A と B の合成によるうなり

となる．この式の右辺の第1項はもとの2つの波の平均の振動数で振動する波の形であるが，第2項はもとの2つの波の振動数の差で振動する波（cos波）の形をしている．これらの波が音波であれば，うなりとして聞こえてくる．

また，振動数 f で速さ v の波を発生させている波源が速さ u で近づいてくる場合，1秒間に進む距離 $v-u$ の間に f 回の振動が起こっているので，この場合，伝わってくる波の波長は

$$\lambda' = \frac{v-u}{f}$$

となり，振動数は

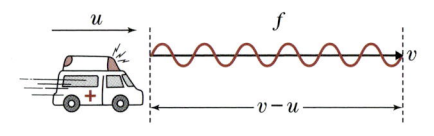

図 3.16 音源が近づいてくる場合のドップラー効果

$$f' = \frac{v}{\lambda'}$$

$$= \frac{v}{v-u} f$$

と表され，もとの振動数 f より高くなる．このような現象をドップラー効果とよぶ．

章末問題

[1] 質量 m のボールを角度 θ の方向に初速度 v_0 で斜めに投げ上げた．その後のボールの運動を，空気抵抗を無視して，水平方向（x 方向）と鉛直方向（y 方向）に分けて，次の順序で調べてみよ．

(a) 投げてから t 秒後のボールの位置の x 座標と y 座標をそれぞれ時間 t の関数として求めよ．

(b) この2つの式から t を消去して，ボールの軌跡を表す式（x と y の関係式）を求め，その関係を図で示せ．

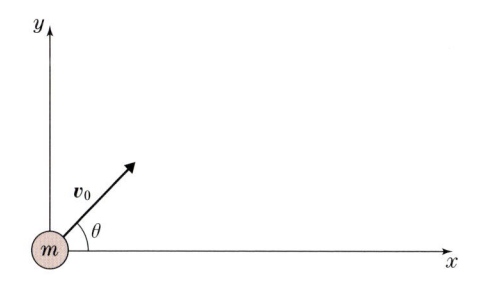

[2] 60 kg の体重の人が体重計を持ってエレベーターに乗った．上向きに $0.98\,\mathrm{m/s^2}$ で加速しているときに体重を測るとどのようになるか？

[3] 糸に付けた質量 m の重りが等速円運動をしている場合，その速度，角速度と位置ベクトル（半径）との間に $v = \omega \times r$ の関係が成り立つことを図を使って説明せよ．また，この式を t で微分することによって向心加速度および向心力を求めよ．この向心力は何によって引き起こされているか？

[4] 向心力と遠心力の関係を自分の言葉で説明せよ．

[5] 時速 50 km で走っている電車が曲率半径 1 km のカーブを曲がっているとき，乗っている人（体重 60 kg）が受ける遠心力を求めよ．

[6] 地球の周りを回る円軌道上の人工衛星については，その向心力は万有引力によって引き起こされている．このことから，軌道半径 r と周期 T との関係を求めよ．ただし，地球の質量を M とする．

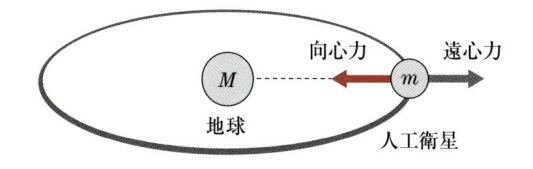

[7] 振り子時計の振り子を真鍮（室温における熱膨張率を 20×10^{-6} $[1/℃]$ とする）で作った場合，気温 30℃ の夏と 10℃ の冬とでは 1 日

にどれくらい遅れたり進んだりするか？　ただし，この時計は気温20℃のときに正確に調整したものとする．

4 仕事とエネルギー

日常生活の中で仕事をしたというときに「たくさん仕事をして疲れた」などとは言うが，通常はあまり数値で表すことは少ない．しかし物理学では，これを数値で表すことが必要となる．

4.1 仕事

荷物を運ぶのに，大きな力 (F) を出すほど，また長い距離 (r) を動かすほど多くの仕事 (W) をしたことになる．このように，仕事は物体に加えた力と，それによる物体の移動距離に比例する．

$$W \propto F, \ r$$

このときの比例定数を 1 とおいて，仕事は

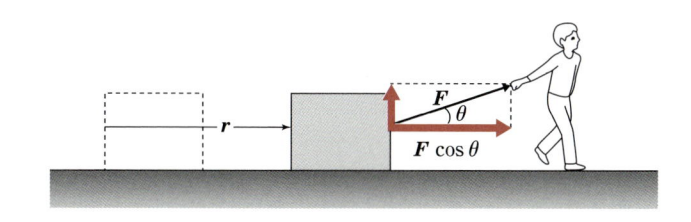

$$W = (F\cos\theta)\,r = Fr\cos\theta = \boldsymbol{F}\cdot\boldsymbol{r} \quad (\theta は \boldsymbol{F} と \boldsymbol{r} の成す角) \tag{4.1}$$

図 4.1 力と仕事の関係

で求められる.

　ここで最右辺は $\boldsymbol{F}$ と $\boldsymbol{r}$ のスカラー積（内積）を表し，その大きさは，$Fr\cos\theta$ と表される．力の方向が $\boldsymbol{r}$ と異なる場合，$\boldsymbol{r}$ に垂直な方向の力の成分 $F\sin\theta$ は仕事には関係しない.

　一般的には，ある経路に沿って力を加えたり，力が変化するような場合もあるので，そうした場合にはその経路を微小に分割し，その任意の1つの $d\boldsymbol{r}$ について力が物体にした仕事

$$dW = (F\cos\theta)\,dr = F\,dr\cos\theta = \boldsymbol{F}\cdot d\boldsymbol{r} \quad (4.2)$$

を計算し，後で，動いた経路全体についてすべての和をとる（積分する）ことにすればよい．この式（微分形式）の方が今後，便利となる場合が多い.

　(4.2) から仕事の総量を求めるには，

$$W = \int dW = \int \boldsymbol{F}\cdot d\boldsymbol{r}$$

を計算すればよい.

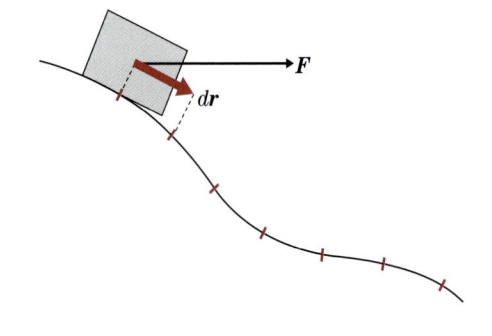

図 4.2　任意の力や経路の場合，微小な部分部分に分けて考える.

4.2　位置エネルギー

　物体に力を加えて移動させたとき，力は物体に仕事をしたことになるが，仕事をされた物体はどうなるだろうか？　物体はそれに相当する何かの形で "仕事をする能力"，すなわち "エネルギー" を得た（蓄えた）ことになる．このエネルギーの一つの形が位置エネルギー（ポテンシャルエネルギーともいう）である.

　いま，鉛直上向きを正とすると，重力 $-mg$ に逆らって地上（点 O）から高さ h（点 H）まで質量 m の物体をゆっくりと持ち上げた場合，力が

した仕事は (4.2) の dW を経路全体について足し合わせればよいので（積分すればよいので）

$$W_h = \int_0^{W_h} dW = \int_0^H \boldsymbol{F} \cdot d\boldsymbol{r} = \int_0^h mg\, dr = mgh \quad (4.3)$$

となる．ここで，$\boldsymbol{F}$ と $d\boldsymbol{r}$ は同じ方向なので $\theta = 0°$ より $\cos\theta = 1$ とおいた．したがって，この仕事の分だけ質量 m の物体のもつエネルギー（位置エネルギー）が増加したことになる．

> **ひとくちメモ**
>
> (4.3) は，$r = 0$ の位置から $r = h$ の位置まで重力に逆らって物体を移動した場合に，その各瞬間，瞬間での力がした微小な仕事 dW をすべて足し合わせたものです．

一般に，位置エネルギーを

$$U = -\int_{r_0}^r \boldsymbol{F} \cdot d\boldsymbol{r} \quad (4.4)$$

と定義する．ここで積分記号の前のマイナスは，物体にはたらいている力（例えば重力）を F とし（上で述べた仕事の場合とは逆方向であることに注意），その逆の方向に r の正の方向をとるからである．なお，r_0 は基準点である．この式で r_0 をゼロとし，$F = -mg$，$r = h$ を代入すれば，$U = mgh$ と求まる．

エネルギーとは仕事をすることができる能力であり，このような位置エネルギーは，例えばダムに溜まっている水などのように，そのエネルギーを使って発電することができるのである．

位置エネルギーが定まるためには，力が保存力でなければならない．保存力とは，元の位置まで戻った場合には仕事がゼロになるような力である．摩擦力は元の位置まで戻っても，力はずっと仕事をし続けているために，全体ではゼロにならないので，保存力ではない．

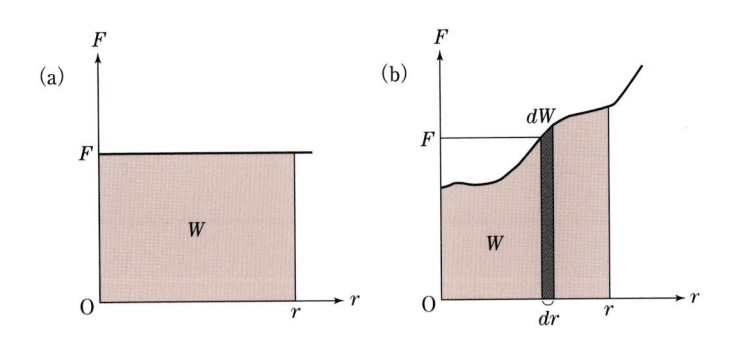

図 4.3　力がする仕事
(a) いつも一定の力がはたらく場合（例えば重力）．この力がする仕事は図の色部分の面積で表される．
(b) 力の大きさが一定ではない場合．このときにも力がする仕事は色部分の面積で表される．

4.3　運動エネルギー

　物体に力を加えて移動させたとき，力は物体に仕事をし，物体は"エネルギー"を得るが，このときのエネルギーのもう一つの形が運動エネルギーである．

　位置エネルギーの場合は物体をゆっくり移動させる（理論的には無限に長い時間をかけて移動させる）と考えたが，今度は，もともと物体に何も力がはたらいていないところに新しく力を加える場合を考える．

　いま，質量 m の物体を力 $\boldsymbol{F}$ で位置 r_0 から r まで移動させたとする．このときに $\boldsymbol{F}$ がした仕事を求めるためには，運動方程式 (2.3)

$$\boldsymbol{F} = m\frac{d\boldsymbol{v}}{dt}$$

の両辺に微小な距離 $d\boldsymbol{r}$ を掛けて r_0 から r_1 まで積分すればよく（すべての $d\boldsymbol{r}$ について和をとればよく），

4.3 運動エネルギー

$$\text{左辺} = \int_{r_0}^{r_1} \boldsymbol{F} \cdot d\boldsymbol{r} = F \text{がする仕事}$$

$$\begin{aligned}
\text{右辺} &= \int_{r_0}^{r_1} m \frac{d\boldsymbol{v}}{dt} d\boldsymbol{r} \\
&= \int_{v_0}^{v_1} m \frac{d\boldsymbol{r}}{dt} d\boldsymbol{v} = m \int_{v_0}^{v_1} \boldsymbol{v} \, d\boldsymbol{v} \\
&= \frac{1}{2} m |\boldsymbol{v}_1|^2 - \frac{1}{2} m |\boldsymbol{v}_0|^2 = \frac{1}{2} m v_1{}^2 - \frac{1}{2} m v_0{}^2
\end{aligned} \quad (4.5)$$

となる.右辺の中の $(1/2) mv^2$ の形で表される各項が,質量 m の物体が速さ v で動いている場合にもつエネルギーを表し,これが運動エネルギーとよばれるものである.

ここで例えば重力がはたらく場合を考えると,(4.5) の積分範囲を $r = h_0$ から $r = h$ までとし,$F = -mg$ を代入して積分を実行したものを代入して整理すれば,

$$\frac{1}{2} m v_0{}^2 + mgh_0 = \frac{1}{2} m v^2 + mgh = \text{一定} \quad (4.6)$$

が得られる(ここでは v_1 をあらためて v とおいた).この式は運動エネルギーと位置エネルギーの和が最初の時点と任意の時点で常に等しいということを表している.これを力学的エネルギー保存則という.

例えば,高さ h の所にある質量 m の物体を静かに手を離して落下させるとき,最初は位置エネルギー U が mgh であり,運動エネルギー K はゼロであるが,下まで落下したときには,位置エネルギーがゼロとなり,代わりに運動エネルギー $(1/2) mv^2$ を得る.

ここで,(4.6) は (2.3) で表される運

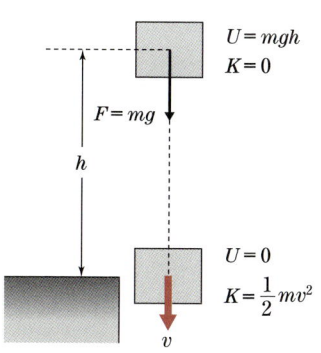

図 4.4 落下による位置エネルギーと運動エネルギーの変化

動方程式をもとにしており，それを変形していくと力学的エネルギー保存則が得られたことに注意しよう．力学的エネルギー保存則は運動方程式（運動の第2法則）の形を変えたものに他ならないのである．

　車でアクセルを踏んで燃料を使って加速すれば運動エネルギーを得るが，ブレーキを踏むと，せっかくのエネルギーが熱に変わって消費される．このとき，発電機に結合してバッテリーにこのエネルギーを蓄える技術が開発され，この仕組みを使ったハイブリッドカーが実用化されて燃費が大きく向上している．

章末問題

[1] 仕事とエネルギーの関係を自分の言葉で説明してみよ．

[2] 物体に加えた力 F とその物体が移動した方向が異なった場合，力がした仕事はなぜ2つのベクトル F と r のスカラー積で表されるか？

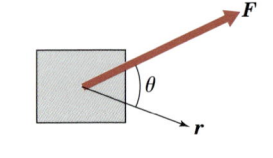

[3] 2つの質点に万有引力がはたらいている．質量 m_1 の位置を原点として，そこから r だけ離れた所にある質量 m_2 の位置エネルギー U を r の関数として求めよ．さらに，その関係を図示せよ．

[4] 質量 m の物体を，傾き角 θ の斜面をゆっくり滑らせながら高さが h になるまで持ち上げた．斜面と物体の間の滑り摩擦係数を μ として，このときの力がした仕事を求めよ．

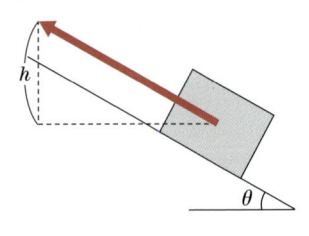

[5] 質量 m の物体が水平面上を速度 v で滑っている．面と物体の間の滑り摩擦係数を μ として，物体が止まるまでに動く距離とかかる時間を求めよ．また，この物体の速度を時間の関数として図示せよ．

5

運動量と角運動量

ニュートンは運動量のことを"運動の勢い"とよんでいたが，これがその後，位置や速度などよりも，より基本的な物理量であることがわかった．

5.1 力積と運動量保存則

運動量は運動している物体(質点)がもつ勢いであり，その物体(質点)の質量 m が大きいほど，またその速度 v が速いほど大きく，これら2つのパラメーターに比例することから，

$$p = mv \tag{5.1}$$

と表される．運動量はベクトル量であり，その方向は速度の方向と一致する．

野球のバットでボールを打つ場合や，1つの物体に他の物体が衝突するような場合を考える．この場合，相手から短い時間の間だけ大きな力を受ける．

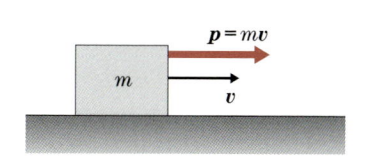

図 5.1 運動量 (運動の勢い) p は質量 m が大きいほど，また速度 v が速いほど大きい．

いま，質量 m の物体 (質点) に力 F が時刻 t_1 から t_2 まではたらいた場合を考える．(2.3) で表される運動方程式，

$$F = m\frac{dv}{dt}$$

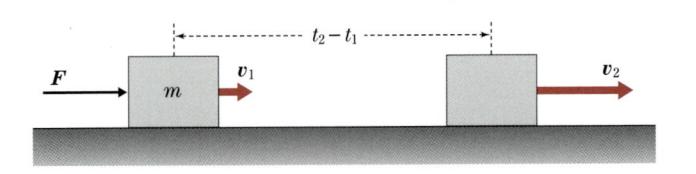

図 5.2 力 F が t_2-t_1 秒間加わると，速度は v_1 から v_2 に変化した．このとき，運動量の変化は mv_2-mv_1 となる．

の両辺に dt を掛けて時刻 t_1 から t_2 まで積分すると

$$\int_{t_1}^{t_2} \boldsymbol{F}\, dt = \int_{t_1}^{t_2} m\frac{d\boldsymbol{v}}{dt}\, dt$$
$$= \int_{v_1}^{v_2} m\, d\boldsymbol{v} = [m\boldsymbol{v}]_{v_1}^{v_2}$$
$$= m\boldsymbol{v}_2 - m\boldsymbol{v}_1 \tag{5.2}$$

となる（v_1 と v_2 はそれぞれ時刻 t_1 と t_2 のときの速度）．この式の左辺は**力積**とよばれ，力 F が t_2-t_1 秒間作用したときの効果を表す．一方，右辺は運動量 mv の変化を表しており，外から力 F が t_2-t_1 秒間加えられると，運動量が mv_2-mv_1 だけ変化することがわかる．

(5.2) は，外から力が作用しない場合には，運動量は変化しないこと（$mv_2 - mv_1 = 0$）を表すともいえる．これを**運動量保存則**という．

2つの質点が衝突するような場合にはお互いに力を及ぼし合うが，この2つの質点をまとめて"1つの系"と見ると，それらの外側からは何も力ははたらいていない．この外側からの力を**外力**，お互いに及ぼし合う力は**内力**とよばれ，それぞれは区別して考える．この場合にも運動量保存則が成り立つ．

野球のバットでボールを打つ場合，バットがボールに当たっている短い時間 t_2-t_1 の間に力 F をボールに加え，結局，(5.2) の左辺の力積を加えると，ボールの運動量が mv_2-mv_1 だけ変化する．しかし，バットが

図 5.3 互いに及ぼし合う力，内力．

ボールの正面に当たらない場合はボールに回転力も加えることになる．

5.2　2つの物体の衝突

2つの物体 (質点) が衝突する場合，この2つをまとめて1つの系と見なし，衝突の瞬間にお互いに力を及ぼし合う以外には系の外からは力 (外力) がはたらかないとする．2つの質点が及ぼし合う力 (内力) は，作用・反作用の法則より，大きさが等しく，方向が互いに反対であるので，(5.2) の左辺である力積は系の中で和をとれば打ち消し合ってゼロとなる．

2つの質点の質量をそれぞれ m_1, m_2, 衝突前のそれぞれの速度を v_1, v_2, 衝突後の速度を v_1', v_2' とすると，m_1 について (5.2) は

$$\int_{t_1}^{t_2} \boldsymbol{F} \, dt = m_1 \boldsymbol{v}_1' - m_1 \boldsymbol{v}_1$$

m_2 については左辺の力の符号が逆になるので，

$$-\int_{t_1}^{t_2} \boldsymbol{F} \, dt = m_2 \boldsymbol{v}_2' - m_2 \boldsymbol{v}_2$$

と表される．この2つの式の和をとれば

$$m_1 \boldsymbol{v}_1 + m_2 \boldsymbol{v}_2 = m_1 \boldsymbol{v}_1' + m_2 \boldsymbol{v}_2' \tag{5.3}$$

が得られる．この式は2つの質点をまとめて1つの系と考えて，その系の外からは何も力がはたらいていないとき，すなわち外力がはたらかないとき，その系の中で運動量は衝突の前後で変化しないことを表してい

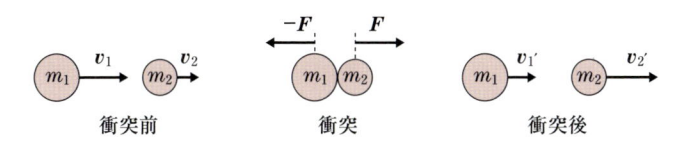

図 5.4　2つの物体 (質点) の衝突

る．この式も運動量保存則である．

一方，衝突にはビー玉同士のようによく反発する場合や，チューインガム同士のように衝突後にくっ付いてしまう場合など，いろいろな場合がある．その衝突の仕方は衝突前の相対速度 $\bm{v}_2 - \bm{v}_1$ と衝突後の相対速度 $\bm{v}_2' - \bm{v}_1'$ の大きさの比で表され，

$$e = \frac{|\bm{v}_1' - \bm{v}_2'|}{|\bm{v}_1 - \bm{v}_2|} = -\frac{v_1' - v_2'}{v_1 - v_2} \tag{5.4}$$

とおき，e をはね返り係数（反発係数）とよぶ．そして，衝突の様子は e の値により，

$$\left.\begin{array}{ll} e = 1 & \text{(弾性衝突)} \\ 0 < e < 1 & \text{(非弾性衝突)} \\ e = 0 & \text{(完全非弾性衝突)} \\ e > 1 & \text{(爆発，核反応など)} \end{array}\right\} \tag{5.5}$$

と分類される．

(5.3) で速度を速さにした式と (5.4) を連立させることにより，

$$\left.\begin{array}{l} v_1' = \dfrac{(m_1 - em_2)v_1 + m_2(1+e)v_2}{m_1 + m_2} \\[6pt] v_2' = \dfrac{m_1(1+e)v_1 + (m_2 - em_1)v_2}{m_1 + m_2} \end{array}\right\} \tag{5.6}$$

と求まり，これらを用いて，衝突前後での運動エネルギーの変化は

$$\Delta E = \frac{1}{2}\frac{m_1 m_2}{m_1 + m_2}(1 - e^2)(v_1 - v_2)^2 \tag{5.7}$$

と表される．弾性衝突 $e = 1$ の場合には $\Delta E = 0$ となって運動エネルギーの和は保存され，$0 \leqq e < 1$ の場合には運動エネルギーの和は衝突前より減少する．

原子の大きさ程度の，非常に小さい物体や領域を調べるとき，微小な粒子同士を衝突させ，それがどの方向にどれだけの量，どれだけの速度

（したがって運動エネルギー）で弾き飛ばされるか（一般的にはこれを散乱とよぶ）を調べる実験がよく行われる．この領域では中性子，電子，X線散乱実験などが有効な手段となっている．このとき，衝突（散乱）によりエネルギーがどのように失われるかを測定することで，さらに重要な情報が得られる場合がある．

5.3 角運動量

次に，回転運動について考えるが，ここでまずクイズを1つ解いてから始めよう．

クイズ

⑥ 大根の真ん中よりやや茎に近いところを紐で吊るして水平に保っている．紐でくくっているところを包丁で切った場合，茎に近い方が重いか，根に近い（先の）方が重いか，それとも両方の重さは等しいだろうか？

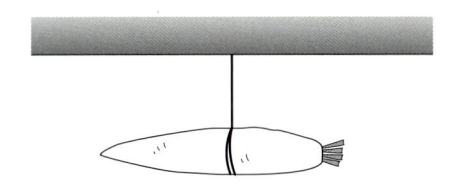

図 5.5　1本の紐でバランスをとって吊るした大根．この紐の位置で2つに切ると，それぞれの重さはどうなる？

回転しているコマや，重り（質点）に紐を付けてぐるぐる回した場合に，その回転を止めようとしてもすぐに止めることは容易でないことを経験した人もいるだろう．

回転運動の場合，"回転の勢い"を表す角運動量という量が重要な意味をもつ．位置ベクトル r のところにある質量 m の質点が速度 v で回転

しているとき，原点の周りについての回転の勢いは，m, v, r が大きいほど，また r と v が垂直に近くなるほど（r と v の成す角の $\sin\theta$ が 1 に近づくほど）大きくなるので，角運動量 L は r, m, v, $\sin\theta$ に比例する．

$$L \propto r, m, v, \sin\theta$$

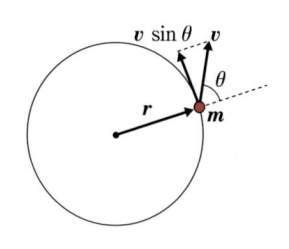

図 5.6 回転の勢い（角運動量）の大きさは $r\sin\theta \cdot mv$ となる．

ここでもし，r と v が同じ方向（$\sin\theta = 0$）であれば，質点はもはや回転運動をしなくなる（$L = 0$）のである．

この関係で比例定数を 1 とおき，(3.7) で表されたベクトル積を参照すれば

$$L = r \times mv \tag{5.8}$$

で定義されることになる．この関係を図 5.6 に示す．この図で角運動量ベクトル L は紙面に垂直上向きである．

一方，回転させるために加える力である回転力 N はトルクあるいは力のモーメントなどともよばれ，回転半径と力が大きいほど，また r と F が垂直に近いほど大きいので (5.8) のベクトル積と同様に

$$N = r \times F \tag{5.9}$$

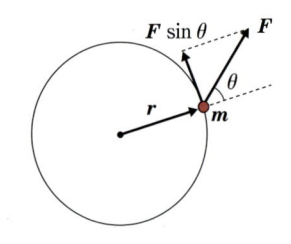

図 5.7 回転力（トルク）は回転の中心を原点として $r \cdot F\sin\theta$ となる．

と表される．この式の F に運動方程式 $F = m\, dv/dt$ を，続いて (5.8) を代入すると

$$N = r \times F = r \times m\frac{dv}{dt} = \frac{d}{dt}(r \times mv) = \frac{dL}{dt}$$

すなわち，

$$N = \frac{dL}{dt} \tag{5.10}$$

が得られる．ここで

5.3 角運動量

$$\frac{d}{dt}(\bm{r} \times m\bm{v}) = \frac{d\bm{r}}{dt} \times m\bm{v} + \bm{r} \times m\frac{d\bm{v}}{dt}$$

$$= m(\bm{v} \times \bm{v}) + \bm{r} \times m\frac{d\bm{v}}{dt}$$

$$= 0 + \bm{r} \times m\frac{d\bm{v}}{dt} \tag{5.11}$$

の関係を用いた．

(5.10) は回転の運動方程式とよばれ，外から回転力 $\bm{N}$ がはたらかないとき，$d\bm{L}/dt$ はゼロ，すなわち，角運動量 $\bm{L}$ は時間変化しない．これを角運動量保存則という．

摩擦や空気抵抗などがないとすると，いったん回したコマは永久に回り続ける．その回転軸の方向も含めて角運動量は保存されるので，回っているコマは倒れないのである．

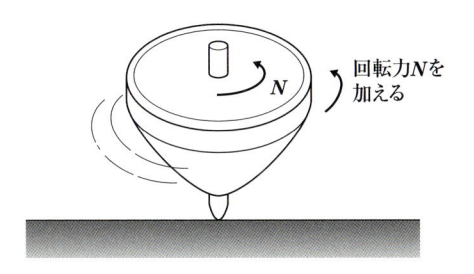

図 5.8 回転しているコマに回転力 $\bm{N}$ を加えると，回転の勢いが変化 ($d\bm{L}/dt$) する．

太陽の周りを回っている地球は楕円軌道を描いているが，この場合も外からその回転を止めようとする力がはたらいていないので，角運動量は保存される．つまり，永久に回り続けることになる．地球がもつこの回転の運動エネルギーと角運動量は，地球が誕生したときからもっているものであるが，それがどのようにして得られたかについては，まだ謎である．

水素原子については，1個の陽子の周りに1個の電子が回っているという古典的な構造のモデルがあるが，この場合も外力がはたらかなければ角運動量は保存されるので，電子は永久に原子核の周りを回り続けることになる．

章末問題

[1] 2つの質点の衝突で，(5.3) と (5.4) を連立させて (5.6) を導け．さらに，これらの式を用いて (5.7) を導け．

[2] 静止しているビー玉に，同じ質量のビー玉を速度 v で正面から衝突させた．衝突が弾性衝突であると，衝突後の2つのビー玉はどのように動くか？

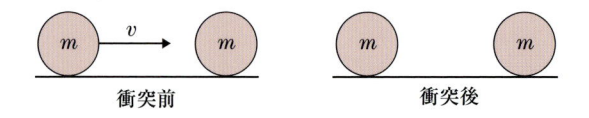

衝突前　　　　　　衝突後

[3] 摩擦のない面上に静止している質量 m の物体に，同じ質量の物体が速度 v で正面から衝突して，くっ付いた．衝突後の両物体の速度と，衝突で失われたエネルギーを求めよ．

[4] 電気モーターのスイッチを入れて，回転子に一定の回転力を与え続けた．軸受けの部分の抵抗や空気抵抗がないとして，回転子の角運動量の大きさ L を時間 t の関数として図示せよ．実際には回転速度が大きくなると空気の粘性抵抗などは速度に比例して大きくなる．このような場合，L と t の関係の図はどのようになるか．

[5] 回転しているコマが倒れない理由を，自分の言葉で説明せよ．

II．電磁気入門

　電磁気学はマクスウェルが 1861 年に物理学の 1 つの大きい分野として完成させたものですが，クーロンやアンペール，ガウス，ファラデーを始め，それまでの多くの研究者が積み重ねてきた成果をまとめあげたことで知られています．その後も内容は次々と改良を加えられ，使用する単位系も複雑であったものが，MKS-SI 単位系とよばれる現在の形にすっきりと統一されました．

　電磁気学も，基本的には単純な原理・法則からできているので，難しいと思わずに読んでみましょう．ただ，注意してほしいことは，最初から最後までが一続きになっているので，途中を飛ばして前に進むと，急に難しいと感じてしまうことです．ぜひ，根気強く，そして少しずつでも理解しながら前に進むようにして下さい．

6

電気と電場

この章では，絶縁体の棒などの先に現れる電荷のように，電流として流れている電荷ではなく，静止している電荷同士にはたらく力や，電荷がつくる電気力線，電気の場（電場）などに関する主要な法則を中心に勉強しよう．

6.1 摩擦電気

摩擦電気は，ギリシャ時代にターレスによって発見されたと伝えられている．これは，2つの異なった物質を擦り合わせると，それぞれの物質を構成する原子の原子核の周りを回っている一番外側の電子が，一方から他方へ移ることが原因である．電子が奪われやすいものほどプラスの電気を帯びやすく，逆に，電子を捕獲しやすいものほどマイナスの電気を帯びやすい．

毛布　ガラス　シルク　金属　ゴム　琥珀（こはく）

上に挙げた物質の中で，どれか2つを擦り合わせたとき，左側のものほどプラスに，右側のものほどマイナスに帯電する傾向が強い．

また，雷雲が発生するのは，海上で蒸発した水の分子が上昇するときに空気の分子との摩擦によって電気を帯び，それが上空で集まることによる．

湿度の低い冬にセーターを脱ぐときにパチパチと音を立てて火花が飛んだり，ロッカーなどの大きな金属製のものに触れようとすると指先か

ら火花が飛ぶなど，摩擦電気は日常生活の中でもしばしば経験する．電流はほとんど取り出せないが，電圧は数千ボルトになることもある．

そのため，ガソリンスタンドで車に給油するときは，ガソリンに火花を飛ばさないように細心の注意がなされている．給油前に，まず自分の体にたまっている摩擦電気を逃がすように，タッチパネルに触れてから操作するような仕組みになっている．

6.2　2つの電荷同士にはたらく力 −クーロンの法則−

電気を帯びているものを電荷とよび，力学で質点について学んだときと同様に，電荷についても空間的な大きさをもたない点電荷というものを考える（帯びている電荷の大きさを電気量とよぶ）．これが動くと電流となるが，まず最初に，静止している電荷について考えてみる．

片方の電気量を $+q_1$，他方を $+q_2$ とすると，同符号なら反発，異符号なら引き合う力がはたらき，この力をクーロン力とよぶ．クーロン力はそれぞれの電気量の大きさに比例し，2つの電荷の距離の2乗に反比例することがわかっている．

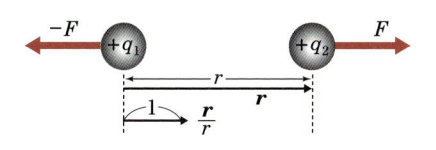

図 6.1 q_2 が受けるクーロン力は r の方向である．

この関係を比例の式で表すと，

$$F \propto q_1,\ q_2,\ \frac{1}{r^2}$$

$$\propto \frac{q_1 q_2}{r^2} \tag{6.1}$$

となる．この比例関係を等式にするには，力学のときに学んだのと同じ方法で，これらすべての物理量を掛け合わせ，それに1個の共通した比

例定数を掛ければよい．このときの比例定数は 1 つの文字ではなく，便宜上 $1/4\pi\varepsilon_0$ と書くことが決められている．ここで，ε_0 は真空の誘電率とよばれる量であり，$\varepsilon_0 = 8.854 \times 10^{-12}$ である（単位はこの節の最後に説明する）．したがって，クーロン力 F は次のように表せる．

$$F = \frac{1}{4\pi\varepsilon_0} \frac{q_1 q_2}{r^2} \tag{6.2}$$

これをクーロンの法則という．

> **ひとくちメモ**
> 比例関係 (6.1) を等式にするには，比例定数 $1/4\pi\varepsilon_0$ を掛ければよいのです．

また，力 $\boldsymbol{F}$ は $\boldsymbol{r}$ の方向にはたらくベクトル量なので，$\boldsymbol{r}$ 方向の単位ベクトル（大きさが 1 で，方向だけを示すベクトル）である $\boldsymbol{r}/r$ を (6.2) の右辺に掛けて，

$$\boldsymbol{F} = \frac{1}{4\pi\varepsilon_0} \frac{q_1 q_2}{r^2} \frac{\boldsymbol{r}}{r} \tag{6.3}$$

とベクトルで表すこともできる．比例定数の値は，

$$\frac{1}{4\pi\varepsilon_0} = 9 \times 10^9$$

であり，実際には単位があるが，ここでは単なる数（数字）と考えておく．

> **ひとくちメモ**
> $\boldsymbol{r}/r$ はベクトル $\boldsymbol{r}$ をスカラー r で割っているので，その大きさは 1 となり，方向は $\boldsymbol{r}$ と同じ方向です．このように大きさが 1 で，方向だけを示すベクトルを単位ベクトルとよびます．

(6.3) で r の単位に [m] を，F の単位に [N] を使ったとき，$+q_1$ および $+q_2$ の単位をクーロン [C] と定義する．これを使えば，2 つの 1 C の

電荷を距離 1 m 離して置いたとき，互いに及ぼし合うクーロン力は $F = 1/4\pi\varepsilon_0$ [N] となる．

電気量の単位を定義したので，クーロンの法則の式から，その比例定数の単位が [Nm^2/C^2] であることがわかる．なお，クーロンの法則の比例定数を (6.2) のように，一見，複雑に見えるように決めた理由は，後で出てくる電気や磁気に関する多くの複雑な関係式や法則をできるだけシンプルな形で扱えるようにするためである．これから電磁気を本格的に勉強しようとする人は，目を瞑ってでも，この定数 $1/4\pi\varepsilon_0$ が書けるようにしておこう．

6.3 電場と電気力線

6.3.1 電気の「場」 −電場−

プラスの電荷の近くに別のプラスの電荷を持ってくると，互いに反発する方向に力を受ける．いま，ある空間にプラスの電荷があるとし，それを見えないように何かで隠すと，後からその空間に持ってきたプラスの

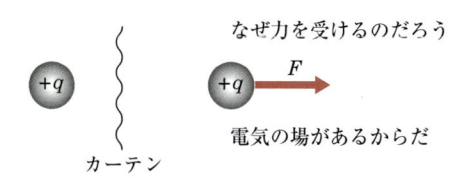

図 6.2 右の電荷 $+q$ は何もない空間で力を受けている．そこには電気の「場」があると考える．

電荷は，自分以外に電荷がない空間なのに，なぜか力を受けると感じる．このように電気的な力を受ける空間（場所）を「電気の力の場」，すなわち電場という．

ある空間の電場の大きさは，そこに 1 C の電荷を持ってきたときにそれが受ける力の大きさで定義し，その力の方向を電場の方向とするベクトル量である．したがって，電場 $\boldsymbol{E}$ がかかっている空間に電気量 $+q$ の電荷を置いたとき，その電荷が受ける力は

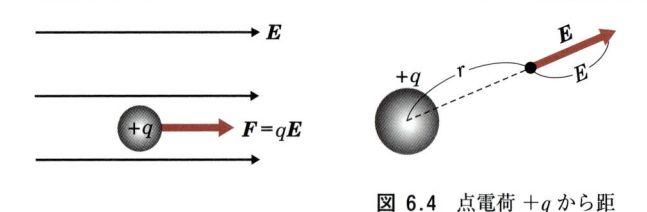

図 6.3 電場 E のかかっている空間で電荷 q が受ける力 F

図 6.4 点電荷 $+q$ から距離 r の点における電場

$$F = qE \tag{6.4}$$

となる.

いま，点電荷 $+q$ から距離 r だけ離れたところの電場の大きさを求めてみよう．(6.2) のクーロンの法則の q_1 を q とおき，そこから r だけ離れたところに q_2 を持ってきたとき，(6.2) を少し変形して

$$F = \frac{1}{4\pi\varepsilon_0}\frac{qq_2}{r^2} = q_2\frac{1}{4\pi\varepsilon_0}\frac{q}{r^2}$$

の力を受ける．これをベクトルで表すと (6.3) より

$$\boldsymbol{F} = q_2\frac{1}{4\pi\varepsilon_0}\frac{q}{r^2}\frac{\boldsymbol{r}}{r}$$

となる.

この式と (6.4)，すなわちこの場合は q を q_2 とした $\boldsymbol{F} = q_2\boldsymbol{E}$ と比べて，q_2 のところにかかっている点電荷がつくる電場 ($\boldsymbol{r}/r$ の方向) は

$$\boldsymbol{E} = \frac{1}{4\pi\varepsilon_0}\frac{q}{r^2}\frac{\boldsymbol{r}}{r} \tag{6.5}$$

と求まる.

クイズ

⑦ (6.5) より，電場 E の単位はどう表されるだろうか？

ヒント (6.4) で F と q の単位はすでに出てきている．

6.3.2 電場の方向を表す線 −電気力線−

電場の様子を目で見てわかるように表すために考え出されたのが電気力線とよばれるものである．電気力線は適当に線を引くのではなく，次の規則に従って引かなければならない．

1．電場の方向に沿って引く．
2．プラスの電荷から出て，マイナスの電荷へ入る．
3．電気力線の密度は電場の強さに比例する．

　　電場 E のところでは 1 m^2 当り E 本の密度で電気力線を引くことにする．

4．2本の電気力線が交わることはない．

このような規則で引いた電気力線の例を図 6.5 に示す．

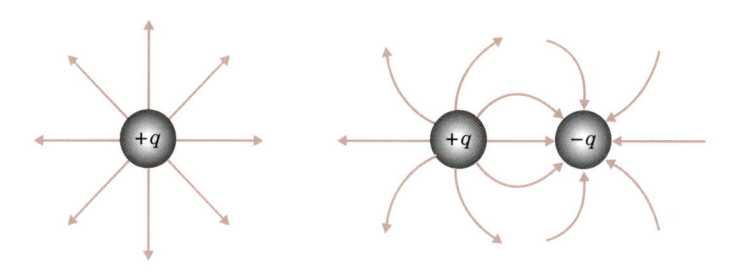

図 6.5　電気力線の例．電気力線はプラスの電荷から出てマイナスの電荷または無限遠に向かうように描く．

> **クイズ**
> ⑧ 図 6.5 の左側の図で，$+q$ の正電荷から合計何本の電気力線が出ているだろうか？

6.4 ガウスの法則

6.4.1 電気力線の本数に関係した法則 −ガウスの法則−

1 つの点電荷から電気力線が出ている図 6.6 で，この電荷を包み込むように 1 つの閉曲面（どこにも穴がない閉じた曲面）を描いてみよう．このとき，この面が大きいものであっても，小さいものであっても，閉曲面を貫いて外に出る電気力線の本数（総数）は同じになる．

また，この閉曲面はどんなに歪んでいても，どんな形をしていても（つまり，どんな閉曲面をとっても）よいので，ここでは一番単純な半径 r の球面をとることにする．この球の中心に電気量 $+q$ の電荷がある場合，電場の強さは球面上のどこでも

$$E = \frac{1}{4\pi\varepsilon_0}\frac{q}{r^2}$$

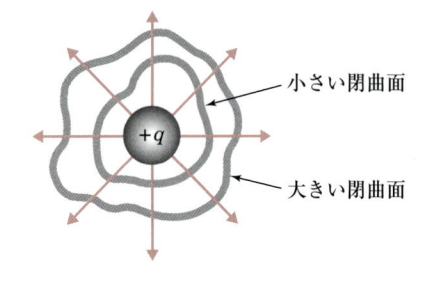

図 6.6 閉曲面の大小にかかわらず，突き抜けている電気力線の本数は同じである．

となる．電気力線は $1\,\text{m}^2$ 当り E 本引くというのが約束なので，球の表面積 $4\pi r^2$ を貫く電気力線の総数は次のようになる．

$$N = \left(\frac{1}{4\pi\varepsilon_0}\frac{q}{r^2}\right)\cdot 4\pi r^2 = \frac{q}{\varepsilon_0} \tag{6.6}$$

6.4 ガウスの法則

> **ひとくちメモ**
>
> 任意の閉曲面上に微小な面積 dS をとると、これを貫く電気力線の本数は $\boldsymbol{E}\cdot d\boldsymbol{S}$ で表すことができるので、これを閉曲面全体にわたるように積分する（足し合わせる）ことで、この閉曲面を貫く電気力線の総数 N は
>
> $$N = \oint \boldsymbol{E}\cdot d\boldsymbol{S} \tag{6.7}$$
>
> と表されます。* ここで、$\oint$ の積分記号は、いま考えている閉曲面（つまり、どこにも穴がない、すべてを包み込んだ面）全体にわたるように、微小面積 dS を貫く電気力線の本数 $\boldsymbol{E}\cdot d\boldsymbol{S}$ を足し合わせる（積分する）ということを表しています。
>
> **図 6.7** 閉曲面全体にわたる面積積分。微小面積 dS についてそれぞれすべて足し合わせる。
>
> この積分記号 $\oint$ は面積積分を表しますが、これを直接計算する必要はありません。ここでは、"面積全体にわたって電気力線の本数を足し合わせること" と理解して下さい。
>
> この電気力線の本数が q/ε_0 になることから、
>
> $$\oint \boldsymbol{E}\cdot \boldsymbol{n}\, dS = \frac{q}{\varepsilon_0} \tag{6.8}$$
>
> となります。この式が**ガウスの法則**(積分形) です。

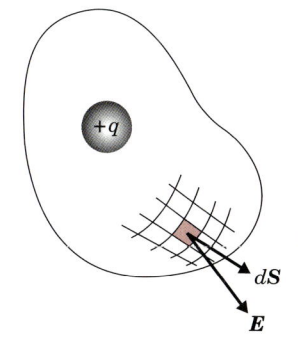

---

* 一般的には、微小面積 dS に立てた法線方向の単位ベクトル $\boldsymbol{n}$ を用いて、面が電場の方向と垂直でない場合も含めて、つまり、面が傾いた効果も取り入れて

$$N = \oint \boldsymbol{E}\cdot \boldsymbol{n}\, dS \tag{6.7'}$$

と表されるが、ここでは単純化して、dS はその法線方向の方向性をもつものとする。

このことから，任意の閉曲面を貫いて出る電気力線の総数は，その内部にある電気量 q の $1/\varepsilon_0$ 倍である（ガウスの法則）ことがいえる．ガウスの法則は，いろいろな形をした電極がつくる電場を求めるのによく使われる．

6.4.2 ガウスの法則を用いて電場を求める方法

（1） 一様に電荷を帯びた細い線から距離 r の点における電場

任意の閉曲面として半径 r，長さ l の円柱の面を考える．この円柱の上下の面は電気力線と平行なので，ここを貫く電気力線の本数はゼロである．残ったのは円柱の側面についてであるが，その面積は $2\pi rl$ であり，その表面の電場を E（$1\,\mathrm{m}^2$ 当りの電気力線の本数，ここでは未知数とする），電荷を Q とおくと，ガウスの法則より

$$2\pi rlE = \frac{Q}{\varepsilon_0}$$

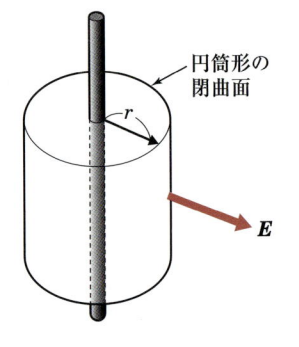

図 6.8 無限に長い電極（線）がつくる電場を求めるとき，ガウスの法則を使うために考える円筒形の閉曲面

となる．ここで，電荷の線密度（単位長さ当りの電荷）を λ とすると $Q = \lambda l$ と表せるので

$$2\pi rlE = \frac{\lambda l}{\varepsilon_0}$$

となる．これより，

$$E = \frac{\lambda}{2\pi\varepsilon_0 r} \tag{6.9}$$

と求まる．

（2） 一様に電荷を帯びた無限に広い平面から距離 r の点における電場

この面で2等分される角柱（高さ $2r$，断面積 $a \times a$）の面を考える．

側面はすべて電気力線と平行になるので，この側面を貫く本数はゼロとなる．残ったのは上下の面であり，その表面の電場を E（$1\,\mathrm{m}^2$ 当りの電気力線の本数），電荷を Q とおくと，ガウスの法則より

$$2a^2 E = \frac{Q}{\varepsilon_0}$$

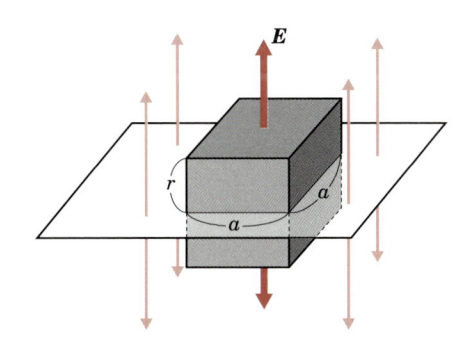

図 6.9 無限に広い平面電極がつくる電場．角柱の側面を貫く電気力線の本数はゼロである．

となる．ここで，電荷の面密度（単位面積当りの電荷）を σ とすると $Q = \sigma a^2$ と表せるので

$$2a^2 E = \frac{\sigma a^2}{\varepsilon_0}$$

となる．これより，

$$E = \frac{\sigma}{2\varepsilon_0} \tag{6.10}$$

と求まる．

6.5 電位と電圧

6.5.1 電場の中の位置エネルギー −電位−

　力学入門で，重力がはたらいている空間において質量 m の質点を高さ h だけ持ち上げたとき，重力による位置エネルギーは mgh であることを学んだ．これと同じように，電場 E の中に置かれた電荷 q は電場から力を受けるので，電場による位置エネルギーをもつ．

　電場の中に置かれた $+1\,\mathrm{C}$ の電荷がもつ位置エネルギーのことを電位（電気的ポテンシャル）といい，力学での位置エネルギー

6. 電気と電場

$$U = -\int_{r_0}^{r} \boldsymbol{F} \cdot d\boldsymbol{r} \qquad (4.4)$$

に対応して，$q = +1\,[\mathrm{C}]$ を (6.4) に代入した $\boldsymbol{F} = 1\boldsymbol{E} = \boldsymbol{E}$ を上式に代入して，

$$\phi = -\int_{r_0}^{r} \boldsymbol{E} \cdot d\boldsymbol{r} \qquad (6.11)$$

で定義される．ここで r_0 は位置エネルギー（電位）を測るときの基準点，すなわち，電位をゼロと決めるところである．この基準点は，理論上は電気的な力が全く届かない無限遠とするのがよいが，実用的には普通は地面（アース）とする．

(6.11) の積分の1つの例として，電気量 $+q$ を帯びた点電荷から距離 r のところの電位を求めてみよう．この位置での電場は (6.5) で表され，また $\boldsymbol{E}$ と $d\boldsymbol{r}$ は同じ方向なので，これを代入して（$r_0 = \infty$ とおく）

$$\phi = -\int_{r_0}^{r} \boldsymbol{E} \cdot d\boldsymbol{r}$$
$$= -\int_{\infty}^{r} \frac{1}{4\pi\varepsilon_0} \frac{q}{r^2}\, dr = \frac{1}{4\pi\varepsilon_0} \frac{q}{r}$$

となる．この場合の電場と電位は図 6.10 のようになる．

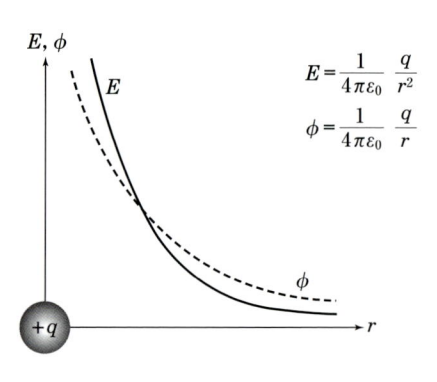

図 6.10 プラスの電荷 q が原点（基準点ではない）にある場合の，距離 r の関数としての電場 E と電位 ϕ の変化の様子

$$E = \frac{1}{4\pi\varepsilon_0}\frac{q}{r^2}$$
$$\phi = \frac{1}{4\pi\varepsilon_0}\frac{q}{r}$$

クイズ

⑨ 電位 ϕ の単位はどのように表されるだろうか？

ヒント (6.11) の右辺は［電場］・［距離］となっている．

6.5.2 2点間の電位の差 −電圧−

日常生活でもよく使われる電圧 V は,正式には 2 点間 (ここでは r_1, r_2 とする) の電位の差 $(\phi(r_2) - \phi(r_1))$ で定義され,その単位が [V] (ボルト) であることはおなじみである.この電圧は (6.11) より

$$V = \phi(r_2) - \phi(r_1) = -\int_{r_0}^{r_2} \boldsymbol{E} \cdot d\boldsymbol{r} - \left(-\int_{r_0}^{r_1} \boldsymbol{E} \cdot d\boldsymbol{r}\right) = -\int_{r_1}^{r_2} \boldsymbol{E} \cdot d\boldsymbol{r} \tag{6.12}$$

ここで $r_2 - r_1 = r$ とおき,電場 $\boldsymbol{E}$ が一定で $\boldsymbol{r}$ に平行な場合には (6.12) は

$$V = -E(r_2 - r_1) = -Er \tag{6.13}$$

となる.

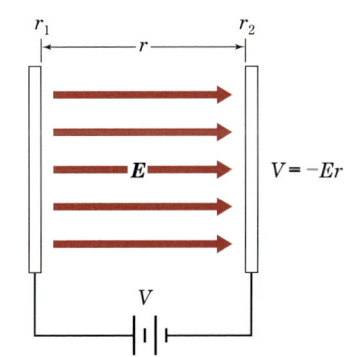

図 6.11 電場と電圧の関係.プラス極を基準 (r_1) にとるとマイナス極の電圧は $-Er$ になる.

いま,(6.12) で,電圧を測る基準点 ($V = 0$) を r_0 とすると $\phi(r_0) = 0$ なので,任意の r の位置での電圧は,

$$V = \phi(r) - \phi(r_0) = \phi(r) = -\int_{r_0}^{r} E\, dr \tag{6.14}$$

と書ける.この r の位置に電荷 q を置いたとき,この電荷がもつ位置エネルギーは,電荷が電場から受ける力の大きさが $F = qE$ より,

$$U = -\int_{r_0}^{r} F\, dr = -\int_{r_0}^{r} qE\, dr = -q\int_{r_0}^{r} E\, dr = qV \tag{6.15}$$

と表される.

6.6 コンデンサーと誘電体

6.6.1 電気をためる −コンデンサー−

コンデンサーとは，一時的に電気をためることができるもので，その最もシンプルな構造は，2枚の金属板を接近させて平行に向かい合わせ，それぞれの金属板を電極としてリード線を付けたものである．そして，このリード線を電池につなぐと，それぞれの電極に電荷がたまるという仕組みである．

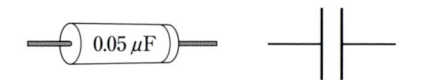

図 6.12 コンデンサー（オイルペーパーコンデンサー）とその配線図

> **クイズ**
> ⑩ コンデンサーは，なぜ電気をためることができるのだろうか？ また，電池の電圧を2倍にするとたまる電荷は何倍になるだろうか？

実験により，コンデンサーの極板間に加えた電圧 V とそのときにたまる電荷（$+Q$，$-Q$）は比例することがわかっている．

$$Q \propto V$$

このときの比例定数を C とおけば，

$$Q = CV \tag{6.16}$$

と表される．この C を，コンデンサーの電気容量，または単に容量とよび，1Vの電圧を加えたときに1Cの電荷がたまるコンデンサーの容量を1F（ファラド）とする．ただし，1Fの単位は非常に大きいので，通常は μF（マイクロファラド，$1\,[\mu\mathrm{F}] = 10^{-6}\,[\mathrm{F}]$）や pF（ピコファラド，$1\,[\mathrm{pF}] = 10^{-12}\,[\mathrm{F}]$）などがよく使われる．

電荷がたまっているコンデンサーに抵抗（電球など）をつなぐと電流が流れて，やがてたまっている電荷がゼロになるまで光や熱としてエネルギーを放出する．このように，コンデンサーは電気のエネルギーをためることができる．

コンデンサーにどれだけのエネルギーがたまっているかを調べてみよう．いま，電荷が q だけたまっているコンデンサーに，さらにわずかに dq（微小量）だけ電荷をためるときに必要なエネルギーは (6.15) より，

$$dU = V\,dq = \frac{q}{C}dq$$

と表される．

また，コンデンサーに，電荷がゼロの状態から電荷をためていき，最終的に Q だけたまったときの電荷の位置エネルギーは，上の式を $q = 0 \sim Q$ まで積分して，

$$U = \int_0^Q \frac{q}{C}dq = \frac{1}{2C}Q^2 = \frac{1}{2}CV^2 \tag{6.17}$$

となる．

ひとくちメモ

コンデンサーに電池をつないで電荷をためるとき，電池はコンデンサーに電荷を送る（電流を流す）ことで仕事をします．最初，コンデンサーにまだ電荷がたまっていないときは，コンデンサーに電荷を送るには仕事をする必要はありませんが，電荷がたまってくると，これらの電荷と同じ符号の電荷を反発力（クーロン力）に抗して押し込めなければなりません．つまり，同じ電荷 dq をためていくにも，いまどれだけたまっているかがその仕事に関係するのです．このような場合に積分（微小な部分部分に分けて和をとる）が必要となります．

> **クイズ**
>
> ⑪ 電荷がたまったコンデンサーにはエネルギーが蓄えられているが，それはコンデンサーのどの部分に蓄えられているか？
> (a) 両側の電極板の中　(b) 両方の電極版の内側表面　(c) 極板間の空間

6.6.2 コンデンサーの接続

（1）並列接続

2つのコンデンサー C_1, C_2 を並列に接続した場合には，それぞれのコンデンサーが同じ電池につながれたと考えることができる（同じ電圧がかかる）ので，この回路に蓄えられる電気量 Q はそれぞれのコンデンサーに蓄えられた電荷の和 $Q_1 + Q_2$ となり，

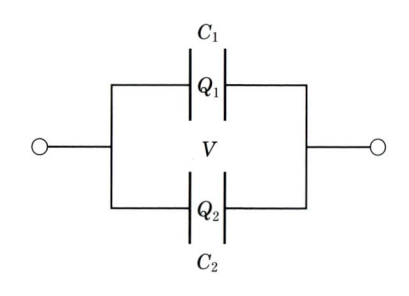

図 6.13 コンデンサーの並列接続

$$Q = Q_1 + Q_2 = C_1 V + C_2 V = (C_1 + C_2)V$$

が成り立つ．したがって，並列接続での合成容量を C とすると $Q = CV$ より

$$C = C_1 + C_2 \tag{6.18}$$

となる．

（2）直列接続

2つのコンデンサー C_1, C_2 を直列に接続し，電池 V につないだ場合は，並列接続とは異なり，それぞれのコンデンサーに加わる電圧は V_1 と V_2 に分割される．直列接続の場合，コンデンサーの電極に現れる電荷の大きさはすべての電極について等しいから，それぞれのコンデンサーについて，

$$Q = C_1 V_1, \qquad Q = C_2 V_2$$

となり，

$$V = V_1 + V_2$$

より，直列接続での合成容量を C とすると

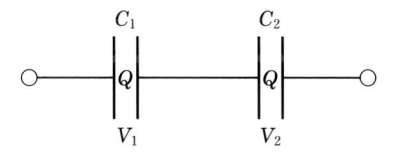

図 6.14 コンデンサーの直列接続

$$C = \frac{Q}{V} = \left(\frac{1}{C_1} + \frac{1}{C_2}\right)^{-1} = \frac{C_1 C_2}{C_1 + C_2} \qquad (6.19)$$

となる．

6.6.3 コンデンサーの極板間に誘電体を挟んだ場合

　空気などの気体，電気を通さない液体や固体は絶縁体とよばれている．この絶縁体に電場を加えると，プラスの電気を帯びている原子核から，その周りを回っている電子が力を受けて，わずかではあるが電場とは逆の方向にずれる．この現象を誘電分極とよび，このような物質を誘電体とよぶ．この場合，電子は原子核に比べてはるかに軽い（水素原子の場合，約 1/1800）ので，原子核はほとんど移動しないと考えてよい．

　誘電体には上に述べたメカニズム以外で誘電分極するものもあるが，その大きさ（強さ）を表す量を誘電率 ε で表す．真空中では分極するものはないが，電気力線はそのまま伝わる．これを，真空が反応して電気力線が伝わるとして，真空も誘電率をもつと考える．この場合の誘電率が ε_0 であり，クーロンの法則の比例定数の中に入っていたものである．

　いま，面積 S の 2 枚の金属板を距離 d だけ離して平行に置いたコンデンサーに電圧 V を加えた場合を考える．極板間に何も挟まない場合，電極板の内側表面に現れた電荷を Q とすると，極板間の電場の大きさ E は，ガウスの法則*を用いて

＊ (6.20) をガウスの法則を用いて導出する方法は章末問題 [5] を参照．

$$E = \frac{\sigma}{\varepsilon_0} = \frac{1}{\varepsilon_0}\frac{Q}{S} \qquad (6.20)$$

と表される．さらに，これに $V = Ed$ の関係を代入すれば

$$Q = \frac{\varepsilon_0 S}{d}V$$

となる．これと (6.16) を比べて

$$C = \frac{\varepsilon_0 S}{d} \qquad (6.21)$$

が得られる．

コンデンサーの極板間に誘電体を挿入した場合には，上の真空の誘電率 ε_0 を，挿入した誘電体の誘電率 ε で置き換えればよく，この場合の電気容量は

$$C = \frac{\varepsilon S}{d} \qquad (6.22)$$

と表される．この式から，誘電率の大きい誘電体を挟むことにより，電気容量の大きいコンデンサーをつくることができることがわかる．

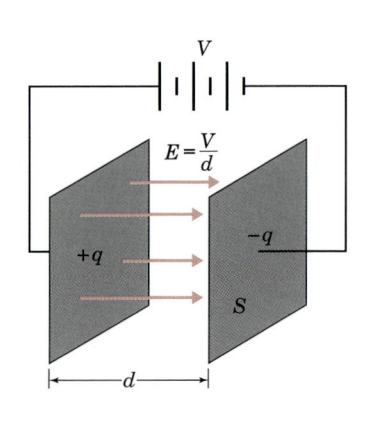

図 6.15 コンデンサーの内側の電気力線

> **クイズ**
> ⑫ コンデンサーは電気をためることができるが，充電可能な電池と比べてどのような違いがあるだろうか？

コンデンサーにはその用途や使用電圧によっていろいろな種類があり，極板間に入れる誘電体の名前がそのまま使われる場合が多い．アルミ板を 2 枚向かい合わせた初期のものは空気コンデンサー，2 枚のアル

ミ箔の間に絶縁油を染み込ませた紙を挟んで巻き込み，電極にリード線を取り付けたものはオイルペーパーコンデンサー，雲母板を挟んだものはマイカコンデンサー，その他，マイラーコンデンサー，ポリスチロールコンデンサー，ポリプロピレンコンデンサー，アルミ電解コンデンサーなど，たくさんの種類があり，それぞれ特徴をもっていて，相応しい用途に使われている．コンデンサーは電子部品の中でも小型化しにくいものであったが，最近では低電圧の用途で改良が進み，非常に小型化されてきている．なお，(6.21)より，ε_0の単位は[F/m] = [C/Vm]となる．

章末問題

[**1**] クーロンの法則，および電場とはどういうものかを自分の言葉で説明せよ．

[**2**] クイズ⑦の答えのEの単位を(6.13)のEに使うと，電圧Vの単位はどう表されるか？　また，Vの単位である[V]（ボルト）を知っていたとして，(6.13)からEの単位を求めてみよ．

[**3**] 質量mの小さい油滴がゆっくりと落下している．いま，この空間に一様な電場Eをかけたところ，油滴は空中で静止した．この油滴が帯びている電気量qをmとEを使って表せ．

[**4**] $+q$と$-q$の2つの電荷を長さlの軽くて細い絶縁体の棒の両端に付けた．この棒と角度θの方向に一様な電場Eをかけたとき，この棒はどのような力を受けるか．

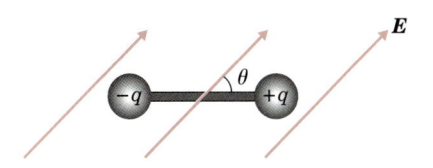

電場の中に置かれた電気双極子

[5] 平行板コンデンサーの極板間の電場 E は (6.20) で表されることをガウスの法則を用いて示せ．

[6] 半径 a の球の表面に電荷 Q が一様に分布している．この球の中心から距離 r のところの電場 E をガウスの法則を使って求めよ．また，E と r の関係を図で示せ．

[7] 問題 [6] で電位 Φ を求め，さらに r との関係を図で示せ．ただし，無限遠を電位の基準点 ($\Phi = 0$) とする．

[8] 導体（金属）の表面に電荷が一様に面密度 σ で分布しているとき，導体のすぐ外側の空間の電場をガウスの法則を使って求めよ．

[9] 電気容量が C_1 と C_2 の 2 つのコンデンサーを直列につなぎ，電圧 V を加えた場合，それぞれのコンデンサーの両端の電圧 V_1 と V_2 を求めよ．

7

電 流

これまでは，電荷が静止している場合について述べてきた．この章では電荷が動く場合，すなわち電流が流れる場合について述べる．ボルタが電池を発明してから"電流が流れる"イメージは理解されたが，その原因がまだわかっていなかった時代に，"電流はプラスの極から流れ出てマイナスの極に向かう"と決められてしまった．後になって，電流はマイナスの電気を帯びた電子がマイナスの極から出てプラスの極に向かうことだとわかったが，現在でも最初からの定義を踏襲している．

7.1 電流とオームの法則

7.1.1 電 流

電流の向きは実際の電子の流れの向きとは逆向きで，その大きさは1秒間に流れる電気量（電荷）と定義されている．そこで，導線のある部分の断面を考え，そこを微小時間 dt に微小電荷 dq が通過したとすると，電流 I は

$$I = \frac{dq}{dt} \qquad (7.1)$$

と表される．この式から電流の単位は [C/s] であることがわかるが，これをあらためて [A]（アンペア）と決め，電磁気学の基本単位として [V]（ボルト）とともによく使われる．

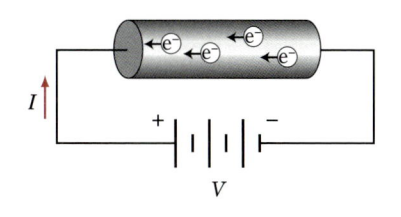

図 7.1 導体中の電子の流れ

> **ひとくちメモ**
>
> 急に(7.1)が出てきてとまどった人は，例えば5秒間に10Cの電荷が通過した場合を考えてみましょう．このとき，$dt = 5$ [s]，$dq = 10$ [C] となるので1秒間に流れた電気量，すなわち電流 I は
>
> $$I = \frac{10}{5} = 2 \text{ [C/s]}$$
>
> で求まることがわかります．この式の形を見れば，(7.1)が理解できるのではないでしょうか．

7.1.2 オームの法則

導線に電池をつないで電流を流すとき，電池の電圧を2倍にすると導線を流れる電流も2倍になることが実験でわかっている．すなわち，導線の両端に加える電圧と導線を流れる電流は比例する．

$$V \propto I$$

この関係を等式にするために，比例定数 R を用いて，

$$V = RI \tag{7.2}$$

と書き，これをオームの法則という．また，この比例定数 R を電気抵抗または単に抵抗とよぶ．電気抵抗の単位は [V/A] であることは上の式からわかるが，これをあらためて [Ω]（オーム）と決める．

> **クイズ**
>
> ⑬ 次の金属を，室温で電気を通しやすい順に並べかえよ．
>
> 　　銅　　銀　　金　　白金

抵抗の大きさは，導線の長さ l が2倍になれば2倍，断面積 S が2倍になれば1/2というように，長さ l に比例し，断面積 S に反比例するので

7.1 電流とオームの法則

$$R \propto l, \ \frac{1}{S}$$

この関係を等式にするために，共通の比例定数 ρ を用いると

$$R = \rho \frac{l}{S} \tag{7.3}$$

と書ける．この比例定数 ρ は電気抵抗率とよばれ，その単位は $[\Omega \text{m}]$ である．また，抵抗率の逆数 $\sigma = 1/\rho$ は電気伝導率とよばれ，電気の通しやすさを示す場合によく使われる．

7.1.3 電流がする仕事（消費電力）

電圧 V がかかっている導体の中を電荷 q が移動すると，電流は

$$W = qV \tag{7.4}$$

だけの仕事をする．

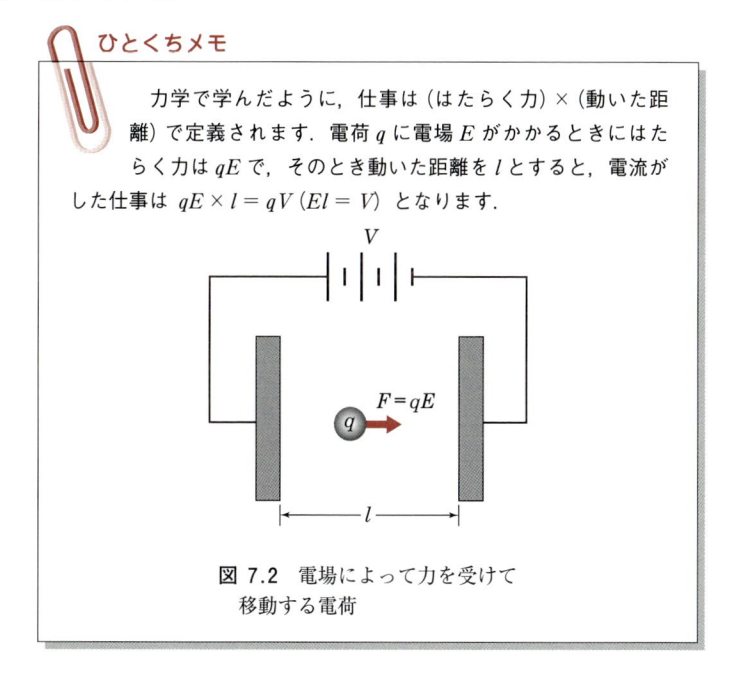

> **ひとくちメモ**
>
> 力学で学んだように，仕事は（はたらく力）×（動いた距離）で定義されます．電荷 q に電場 E がかかるときにはたらく力は qE で，そのとき動いた距離を l とすると，電流がした仕事は $qE \times l = qV \ (El = V)$ となります．

図 7.2 電場によって力を受けて移動する電荷

この式の両辺を時間 t で微分してみると

$$\frac{dW}{dt} = \frac{dq}{dt}V = IV \tag{7.5}$$

となり，この物理量は "電流の仕事率" を表す．これを消費電力，または単に電力ともよぶ．単位は [J/s] であるが，一般に [W]（ワット）という単位を用いる．抵抗ではこの電力は発熱に費やされ，これをジュール熱とよぶ．

7.2 抵抗と直流回路

7.2.1 抵抗の接続

2つの抵抗 R_1, R_2 を接続する場合，その接続の仕方は直列接続と並列接続の2通りがある．

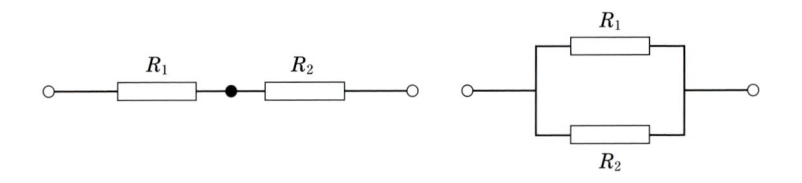

図 7.3 抵抗の直列接続（左）と並列接続（右）

直列接続ではそれぞれの抵抗に同じ大きさの電流が流れるので，合成抵抗 R は単純に2つの抵抗の和になって，

$$R = R_1 + R_2 \tag{7.6}$$

となる．

一方，並列接続では抵抗 R_1 を流れる電流 V/R_1 と抵抗 R_2 を流れる電流 V/R_2 を足し合わせたものが合成抵抗 R に流れるので，オームの法則より

$$I = \frac{V}{R} = \left(\frac{1}{R_1} + \frac{1}{R_2}\right)V$$

が成り立ち，

$$R = \left(\frac{1}{R_1} + \frac{1}{R_2}\right)^{-1} = \frac{R_1 R_2}{R_1 + R_2} \tag{7.7}$$

となる．

7.2.2 複雑な回路の電流を求める －キルヒホッフの法則－

図のように電池 1 個と抵抗 1 個の回路を考える．電池のプラスの極から出た電流は抵抗を流れて，もとの電池のマイナスの極に帰る．いま，電池のマイナスの極のところを電圧の基準点（アース）とし，回路に沿って右回りに移動しながら電圧を調べてみると，電池内部をマイナスの極からプラスの極へ進めば電圧は V だけ上昇する．次に抵抗を通れば，電圧は RI だけ下降し，もとの基準点，すなわち 0 V に戻る．

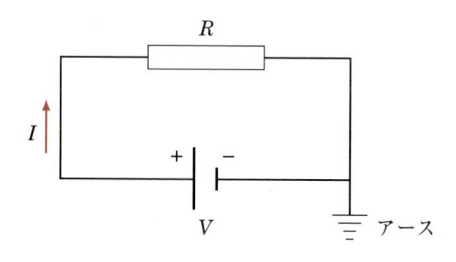

図 7.4 電池と抵抗がそれぞれ 1 個の回路

複雑な回路網についても，その中の 1 つの閉じた網目に注目すると，この網目（回路）を 1 周してもとのところに戻れば，電圧はもとの電圧，すなわちゼロとなる．

一般に，この網目にある i 番目の抵抗を R_i，それを流れる電流を I_i とし，回路の中に複数の電池（電圧を V_1, V_2, …とする）があるとき，網目の回

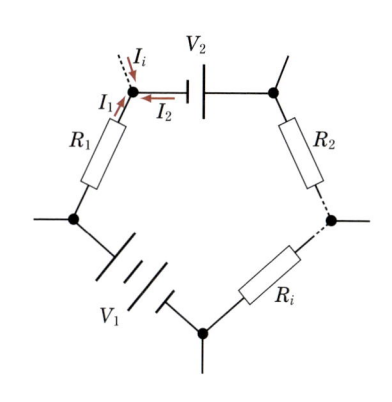

図 7.5 回路網の中の 1 つの閉回路

路の中の1つの接点について、そこに流れ込む電流の和はゼロにならなければならない（流れ出る場合は負とする）ので，

$$\sum_i I_i = 0 \tag{7.8}$$

の関係が成り立つ．これを**キルヒホッフの第1法則**とよぶ．

さらに，1つの網目の回路を1周すれば電圧がゼロとなるので

$$\sum_i R_i I_i + \sum_i V_i = 0 \tag{7.9}$$

の関係が成り立ち，これを**キルヒホッフの第2法則**とよぶ．また，これらの式は網目の数と接点の数だけつくることができ，これらの式を連立することで $I_1, I_2, \cdots$ を求めることができる．

章末問題

[1] 電気量（電荷）と電流とはどういう関係にあるかを説明せよ．また 10Aの電流が流れている導線を1時間に通過する電気量を求めよ．

[2] オームの法則とはどういう法則かを，自分の言葉で説明せよ．

[3] 銅の電気伝導率は室温で $0.59 \times 10^8\ \Omega^{-1}\,\mathrm{m}^{-1}$ である．直径 0.4 mm，長さ 1 m の銅線の室温での抵抗値を求めよ．

[4] 直径 0.3 mm のニクロム線を使って，100V - 800W のヒーターを作りたい．必要とするニクロム線の長さを求めよ．ただし，ニクロム線の抵抗率は温度変化が非常に小さく，室温で 107×10^{-8}，800℃で $110 \times 10^{-8}\ \Omega\,\mathrm{m}$ である．

[5] 電流計の構造は，磁石の中で回転できるようにしたひげバネで止めたコイルに電流を流したときのコイルの回転角が電流の大きさに比例するようにしたもので，これに指針を付けて電流値を読み取る．しかし，このコイルは細く，大きい電

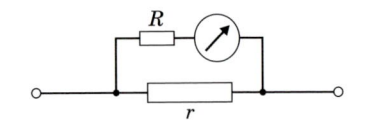

電流計を用いた電流測定

流を流すことはできない．このためコイルと並列に値の小さい抵抗 r を接続し，これら全体で電流計を構成している．コイルには抵抗 R（これを内部抵抗とよぶ）があるので誤差が生じる．この誤差が何 % になるかを調べよ．

[**6**] 電圧計は問題［5］のような構造をもつ電流計に直列に値の大きい抵抗 R_0（抵抗値は測定する電圧範囲により定まっている）をつないだ構造をもっている．電池（電圧 V）に直列につないだ R_1 と R_2 の 2 つの抵抗がある．この電圧計を R_2 の両端につないで電圧を計る場合，誤差が生じる．この場合の誤差は何 % になるか．

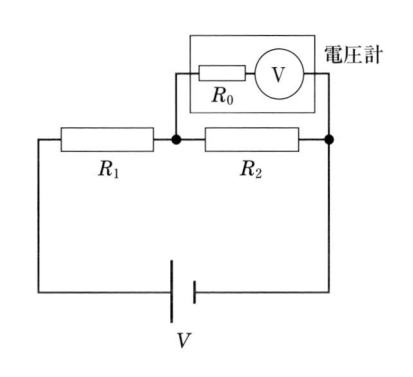

電圧計を用いた電圧測定

[**7**] 図のように 4 つの抵抗を一周するように接続した回路（ブリッジ回路という）の BD 間に電圧 V を加えた．AC 間に高感度の電流計をつないだとき，メーターが振れないための条件（$R_1 \sim R_4$ の間に成り立つ関係）を求めよ．

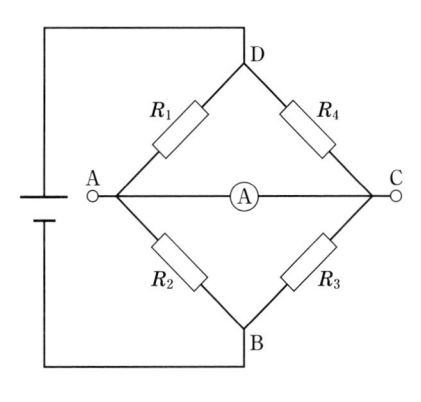

ブリッジ回路

8

磁気と磁場

人類にとって磁石はかなり昔から知られていた．ロードストーンともよばれた磁鉄鉱（マグネタイト，Fe_3O_4）を糸で吊るすと，いつも決まった方向が北を指すため，コンパスとしても使われていたのである．

磁気について成り立ついろいろな法則の多くが電気において成り立つ法則と等価であり，電気（電場）の場合と単純に比較すれば磁気（磁場）のところまではすぐに理解できる．新しく加わるのは電流と磁気（磁場）の関係のところである．

8.1 磁気におけるクーロンの法則と磁束密度

8.1.1 磁気におけるクーロンの法則

クーロンは電気におけるクーロンの法則より10年ほど前に，磁気におけるクーロンの法則を確立している．磁石を用いた実験は電気の実験よりもはるかに容易で，手元に2つの磁石があればできるが，電気の場合は電荷を取り出すのは容易ではない．

2つの磁気量（磁荷）を m_1', m_2' とすると，これらが距離 r だけ離れているときに互いに及ぼし合う力は m_1', m_2' に比例し，r^2 に反比例する．

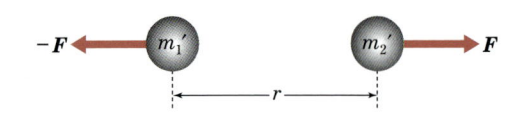

図 8.1 2つの磁荷の間にはたらく力

8.1 磁気におけるクーロンの法則と磁束密度

$$F \propto m_1', \ m_2', \ \frac{1}{r^2}$$

この比例関係を等式で表すと，クーロンの法則のところで述べたのと同じような手順で，共通の比例定数 $1/4\pi\mu_0$ (μ_0 は真空の透磁率とよばれる量) を用いて

$$F = \frac{1}{4\pi\mu_0} \frac{m_1' m_2'}{r^2}$$

となる．これを磁気に関するクーロンの法則という．

さらに，電気の場合と同様にこれをベクトルを用いて表すと，力 $\boldsymbol{F}$ の方向は単位ベクトル $\boldsymbol{r}/r$ と同じなので，

$$\boldsymbol{F} = \frac{1}{4\pi\mu_0} \frac{m_1' m_2'}{r^2} \frac{\boldsymbol{r}}{r} \tag{8.1}$$

と書ける．この場合の比例定数

$$\frac{1}{4\pi\mu_0} = 6.33 \times 10^4 \tag{8.2}$$

も (単位は後で説明する)，電気のクーロンの法則と同じく複雑に見えるが，単位系を MKS-SI 単位系で揃える場合に非常に便利になるように設定しているためである．なお，$\boldsymbol{F}$ を [N]，$\boldsymbol{r}$ を [m] で測るとき，磁気量 m_1', m_2' の単位を [Wb] (ウェーバー) と定義する．

また，m_1' に注目して (8.1) のスカラー表記を変形してみると，

$$F = m_1' \frac{1}{4\pi\varepsilon_0} \frac{m_2'}{r^2}$$

となり，6.3 節の電場のところで述べたのと同じようにして，m_1' は m_2' から磁気の力の場，すなわち大きさ

$$H = \frac{1}{4\pi\mu_0} \frac{m_2'}{r^2}$$

の磁場を受けていると考えることができる．したがって，磁気量 m' が

磁場 H から受ける力をベクトルで表すと

$$F = m'H \tag{8.3}$$

となる．

(8.2) の磁気に関するクーロンの法則の定数 $1/4\pi\mu_0$ の単位は (8.1) より $[\mathrm{Nm^2/Wb^2}]$ となることがわかる．

クイズ

⑭ この (8.3) から磁場の単位を求めよ．

8.1.2 磁束密度

電気の場合の電気力線に対応して，磁気の場合にも磁力線を引くことができる．磁力線は正の磁極，すなわち N 極から出て負の磁極，すなわち S 極に入るように引く．磁力線は真空中でも物質中でも引くことができるが，物質中には原子核，中性子や電子など，磁極が存在し，そこから余分な磁力線が発生するので，磁場を記述しようとすると非常に複雑になる．

磁力線がどのように物質中を通っていくかを表す量を透磁率（μ で表す）とよぶ．真空中では外側から加えた磁力線がそのまま通っていくが，このときの透磁率が μ_0 であり，これが磁気に関するクーロンの法則の比例定数の中に入っていたものである．

前節で定義した磁場 H にこの透磁率を掛けた量

$$B = \mu H \tag{8.4}$$

を磁束密度とよび，この量は真空中でも物質中でも同じように扱うことができる．真空中では

$$B = \mu_0 H$$

である．

この磁束密度の単位は，磁性体表面に現れる磁化密度と同じであることがわかっているので $[\mathrm{Wb/m^2}]$ と表されるが，これをあらためて $[\mathrm{T}]$（テスラ）とよぶ．

上で述べたように，磁気の場合も電気の場合とほとんど同様に議論を進めていくことができる．ただ，電気の場合と違うことは，磁気の場合にはN極とS極をそれぞれ単独に取り出すことができないということである．単極磁子（モノポール）が存在するという説もあるが，いまのところまだ発見されていない．

8.2 フレミングの法則とローレンツ力

8.2.1 磁場中で流れる電流が受ける力 －フレミングの左手の法則－

いま，磁場の方向に対して垂直な長さ l の細い導線に電流 I（直線電流）が流れている場合を考える．この場合，導線は磁場から力 F を受ける．この力は磁束密度 B と電流 I および長さ l に比例し，この比例定数は1とおくことができて，

$$F = lIB = lI\mu_0 H \tag{8.5}$$

と表せる．ここで (8.4) の関係を用いた（$\mu = \mu_0$ とおいた）．

電流と磁場の成す角度 θ が垂直からずれて，平行になっていくにつれて，電流が磁場から受ける力は小さくなっていく．このことを式にも反映させると

$$F = lIB\sin\theta$$

と表される．これを力，磁場，そして電流の大きさだけでなく方向まで含めて考えると，

$$\boldsymbol{F} = l\boldsymbol{I} \times \boldsymbol{B} \tag{8.6}$$

と表せる．

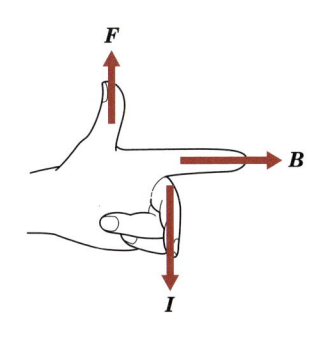

図 8.2 フレミングの左手の法則．親指から $\boldsymbol{F}$-$\boldsymbol{B}$-$\boldsymbol{I}$ の順である．

この関係は，ちょうど左手で親指，人差し指，中指を，それぞれ直角に開いたとき，それぞれ F（力の向き）-B（磁場の向き）-I（電流の向き）の順序で各指がその方向を表している．これをフレミングの左手の法則という．

> **クイズ**
> ⑮ $F = lI \times B$ の関係から磁束密度の単位 [Wb/m^2] がどのように表されるかを調べよ．

8.2.2 磁場中で動く電荷が受ける力 −ローレンツ力−

電流は電荷（電子）の流れであることから，導線中に電荷 q を帯びた粒子が密度 ρ で存在し，速度 v で流れているとき，導線の断面積 S を1秒間に通過する電荷は，

$$I = q\rho Sv$$

と表される．これを (8.6) に代入すると

$$F = q\rho Slv \times B$$

ここで，ρSl は長さ l の導線の中にある電荷を帯びた粒子の数であるから，電荷 q を帯びた粒子1個にはたらく力をあらためて f とおくと，

$$f = qv \times B \tag{8.7}$$

と表せる．この力，すなわち，磁束密度 B の磁場中を速度 v で動く電荷 q が磁場から受ける力をローレンツ力とよぶ（$v \to B$ の方向に右ネジを回すと f の方向に進む）．

ローレンツ力がはたらくために起こる代表的な効果として，サイクロトロン運動とホール効果がある．サイクロトロン運動は電気をおびた微小な粒子，

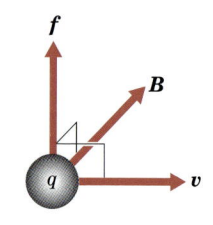

図 8.3 動いている電荷が磁場から受ける力（ローレンツ力）

すなわちイオンや電子などを光の速度に近い速度に加速するための加速器に応用されている．ホール効果は，半導体中を流れている電流（電子またはホールの流れ）に外から磁場を加えると，電子またはホールが磁場によって曲げられるので，その分，電気抵抗が増加する効果である．これを利用して磁場の強さを電気抵抗の変化として測定することができるので，磁束計に応用されている．

8.3　電流がつくる磁場

8.3.1　ビオ–サバールの法則

前節で，磁場中で動く電荷が力を受けることを学んだが，電流が単独で流れているとき，その周りに磁場が発生する．どのような磁場が発生するかを表すのにビオ–サバールの法則が使われる．

ある場所につくられる磁場は，電流を細かく区切って，その一つ一つがそこにつくる（微小な）磁場をすべて足し合わせることで求められる．電流の微小な区切りの1つの長さを dx とし，そこから磁場を計算する場所までの距離を r とすると，この部分による磁場は I, dx, $1/r^2$ のそれぞれに比例する．

$$dH \propto I,\ dx,\ \frac{1}{r^2}$$

このときの比例定数は $1/4\pi$ となることが，少し後で明らかになる．また，dx の方向と $\boldsymbol{r}$（ベクトルと考える）との成す角が直角のとき最大で，平行になるとゼロとなることがわかるので，$d\boldsymbol{x}$ と $\boldsymbol{r}$ の成す角を θ として $\sin\theta$ にも比例する．このようにして，

$$dH = \frac{1}{4\pi}\frac{I\,dx\sin\theta}{r^2}$$

と表される．

さらに，つくられた磁場の方向も考えて，上の式をベクトル積の形にすると

$$d\bm{H} = \frac{1}{4\pi}\frac{I}{r^3}(d\bm{x} \times \bm{r}) \qquad (8.8)$$

と書くことができる．この式はビオ – サバールの法則とよばれ，これを用いて，電流が曲線上を流れる場合でもそれがつくる磁場を計算することができる．

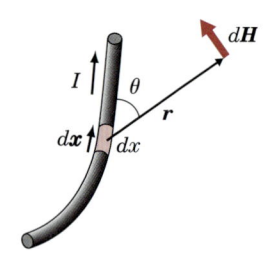

図 8.4　電流の微小な部分 $d\bm{x}$ とそれがつくる微小磁場 $d\bm{H}$ の関係

8.3.2　直線電流がつくる磁場

十分長い直線電流 I は，その周りを取り巻くように磁場をつくり，このときの電流と磁場の方向は右ねじの法則に従う．電流から距離 r の所につくられる磁場は I と $1/r$ に比例し，その比例定数は $1/2\pi$ である．

$$H = \frac{I}{2\pi r} \qquad (8.9)$$

この式を変形すると，

$$2\pi r H = I \qquad (8.10)$$

と書ける．* この左辺の $2\pi r$ は半径 r の円周の長さである．

この式をよく見ると，円の半径がどんな値でも，その半径のところの磁場の強さと外周の長さを掛ければ，その円の中を流れる電流に等しくなることがわかる．この値はもはや半径の値には依存しない．逆に言えば，どんな半径をとっても，その半径のところの磁場と 1 周の経路を掛ければすべて同じ値 (I) になる．さらに言い換えれ

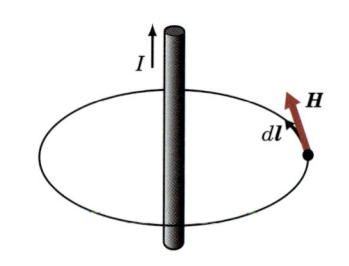

図 8.5　電流を取り巻くように磁場が発生する（アンペールの法則）

---

* (8.9) を導出する方法は章末問題 [2] を参照．

ば，どんな経路をとっても，その経路上の各点の磁場の値を，経路を微小に区切った長さ dl に掛けて1周すれば，その経路で囲まれた内部を流れる電流になるということになる．ここで $\boldsymbol{H}$ と $d\boldsymbol{l}$ の方向が異なる場合には $\boldsymbol{H}$ の $d\boldsymbol{l}$ 方向成分を掛ければよい．このことを式で表すと，

$$\oint \boldsymbol{H} \cdot d\boldsymbol{l} = I \tag{8.11}$$

となる．この式はアンペールの法則（積分形）とよばれている．

> **ひとくちメモ**
>
> (8.11) の左辺の積分は，一つの閉じた経路に沿ってもとに戻るまで1周して，微小な長さ dl に H を掛けながら足し合わせる（積分する）ということを表しています．

8.3.3 アンペールの法則を用いた磁場の計算

(8.11) で表されるアンペールの法則を用いると，いろいろな形をした電流がつくる磁場を計算することができる．特に，形の上で対称性が良い場合には容易である．

いま，無限に長いソレノイドコイルの中心軸上の磁場を考える．ソレノイドはその長さ1m当りに N 回の導線が巻いてあるとする．図のように中心軸を含む長方形（縦の長さを a とする）の経路に沿って，アンペールの法則を用いる．

中心軸上の磁場を H とすると，経路 AB に沿ったアンペールの法則の積分（中心軸上の長さ a の部分のみ）は，この経路上で H はどこでも一定であるから

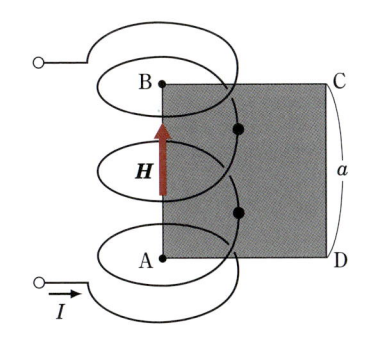

図 8.6 アンペールの法則を用いてソレノイドの磁場を求める．

$$\int_A^B H\,dl = H\int_A^B dl = Ha$$

となる．

　一方，上下の経路 BC, DA については，つくられる磁場の方向とは垂直であり，磁場の方向には経路は進まないのでゼロとなる．さらに，ソレノイドの外側の経路 CD については，ソレノイドから非常に遠いところまで横に長く伸びた経路を考えても事情は同じで，そこでの磁場はゼロに非常に近いので，やはりゼロになる．

　結局，経路に沿って 1 周すると値があるのは中心軸上の AB 間だけとなる．さらに，この経路の内部には電流 I が流れる巻線が Na 本通っているので (8.11) の左辺と右辺に対する量を等しいとおいて

$$Ha = NaI$$

すなわち，

$$H = NI \tag{8.12}$$

が得られる．

　この式で N はソレノイドの単位長さ当りの巻数なので，磁場の単位は [A/m] であることがわかる．一方，(8.3) より磁場の単位は [N/Wb] であり，また (8.9) より [N/Wb] = [A/m] の関係がすでに示されているので，結局，この章の最初からここまですべて統一して，磁場の単位として [A/m] を用いることができる．このことは，(8.8) で表されるビオ–サバールの法則において，比例定数を $1/4\pi$ としたことが正しかったことを示すものである．

8.4　電磁誘導の法則とコイルに蓄えられるエネルギー

8.4.1　ファラデーの電磁誘導の法則

　コイルに電流を流すと磁場が発生するが，その逆に，外部からコイル

8.4 電磁誘導の法則とコイルに蓄えられるエネルギー

に磁場を加えると，コイルを貫く磁束 Φ（磁力線の数に相当する量）の時間変化に比例してコイルの両端に電圧（誘導起電力ともいう）が発生する．これをファラデーの法則とよぶ．

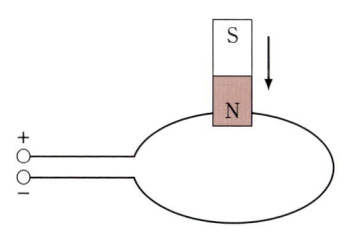

また，発生する電圧の向きは，外部からの磁場の変化を妨げる方向であり，こ

図 8.7 ファラデーの法則により発生する電圧（誘導起電力）

れをレンツの法則とよぶ．このときの比例定数は 1 とおくことができ，

$$V = -\frac{d\Phi}{dt} = -S\frac{dB}{dt} = -\mu_0 S\frac{dH}{dt} \tag{8.13}$$

と表される．ここで S はコイルの断面積であり，$\Phi = BS$ の関係を使った．コイルの中に磁石を出し入れすると，コイルの両端に電圧が発生する原理を応用したものが交流発電機である．

一方，コイルに電流が流れている場合，磁石を使わなくてもコイルの中には磁場が発生している．そして，流れている電流が変化すると磁場が変化するので，コイルの両端にはその電流の変化を妨げる向きに電圧が発生する．このときに発生する電圧は，電流の時間変化 dI/dt に比例し，

$$V = -L\frac{dI}{dt} \tag{8.14}$$

と表される．ここで L は電流変化についての比例係数であり，自己誘導係数（自己インダクタンス）とよばれる．

無限に長いソレノイドの場合，コイルの内側の断面積を S，単位長さ当りの巻数を N とすると，単位長さ当りに発生する電圧は，

$$V = -N\frac{d\Phi}{dt} = -NS\mu\frac{dH}{dt} = -\mu N^2 S\frac{dI}{dt} = -L\frac{dI}{dt}$$

となる．したがって，この場合の自己インダクタンスはソレノイドの単位長さ当り

$$L = \mu N^2 S \qquad (8.15)$$

となる.

いま2つのコイルがあり，一方のコイルに電流を流して発生させた磁場がもう一方のコイルを貫くとき，このコイルにも，電流の時間変化に比例した電圧が発生する．このときの比例定数を M とおくと

$$V = -M\frac{dI}{dt} \qquad (8.16)$$

と表される．ここで M を相互誘導係数（相互インダクタンス）とよぶ．

1つのソレノイドコイルの上に（同軸に）2つ目のソレノイドコイルを巻いた場合は，同軸ソレノイドコイルとよばれる．1次コイルに流れる電流を I，単位長さ当りの巻数を N_1，2次コイルの単位長さ当りの巻数を N_2 とすれば2次コイルの電圧は，

$$V = -N_2\frac{d\Phi}{dt} = -\mu N_1 N_2 S\frac{dI}{dt} = -M\frac{dI}{dt}$$

と表されるので，相互インダクタンスは

$$M = \mu N_1 N_2 S \qquad (8.17)$$

と求められる．

コイルのインダクタンス（自己インダクタンスおよび相互インダクタンス）の単位は $[\mathrm{Vs/A}] = [\mathrm{H}]$（ヘンリー）である．

8.4.2 コイルに蓄えられるエネルギー

コイルの両端の誘導起電力を V，これにより流れる電流を $-I$ とすれば，この電力（消費電力）は

$$P = V(-I) = \left(-L\frac{dI}{dt}\right)(-I) = \frac{d}{dt}\left(\frac{1}{2}LI^2\right) \qquad (8.18)$$

と表される．この式の最右辺は少しわかりにくいが，この式の時間による微分を実行すれば，その前の式に一致することが容易に示される．

この最右辺の微分の中の量 $LI^2/2$ は，電流 I が流れているときにコイルがもつエネルギーを表している．

クイズ

⑯ コイルのもつエネルギーは，コイルのどの部分に蓄えられているか？また，電流が突然切れた場合，そのエネルギーはどうなるか？

章末問題

[1] 磁束密度 B の一様な磁場がかかっている空間に，磁場に垂直な方向に速度 v で電子（電気量 $-e$）が入ってきた．その後，電子はどのような運動をするか調べよ．

[2] ビオ-サバールの法則を用いて，長い直線電流 I が半径 r の円周上につくる磁場 H を求めよ．

[3] 1 次コイル（巻数 N_1）と 2 次コイル（巻数 N_2）を鉄心に巻いたトランスについて，1 次コイルに加えた交流電圧 V_1 と 2 次コイルに発生する電圧 V_2 の関係を調べよ．

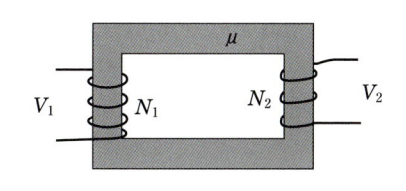

[4] インダクタンスが 1 H のコイルに 100 A の電流が流れていて，突然，回路のどこかが切れた場合，放出されるエネルギーはいくらか．また，そのエネルギーはどこに放出されるか．

9 過渡現象と交流回路

この章ではコンデンサーを電池につないでからコンデンサーに電荷がたまっていくまでのように時間的に変化していく場合や，交流電源につながれたコンデンサーやコイルを含む回路に流れる電流などのように正負に変化する場合を取り扱う．さらに，何もない宇宙空間などの真空中で波として電波（電磁波）が伝わっていく様子も調べる．

9.1 抵抗とコンデンサーを含む回路

電池にスイッチを介して抵抗とコンデンサーが直列に接続されている回路で，最初，コンデンサーには電荷がたまっていない場合について考える．スイッチを入れると，抵抗を通って電流が流れ，次第にコンデンサーに電荷がたまっていく．充分時間が経ち，コンデンサーの両端の電圧が電池の電圧と等しくなると，回路にはそれ以上電流は流れなくなる．このような現象を過渡現象とよぶ．

スイッチを入れてから（任意の）t 秒後に回路に流れて

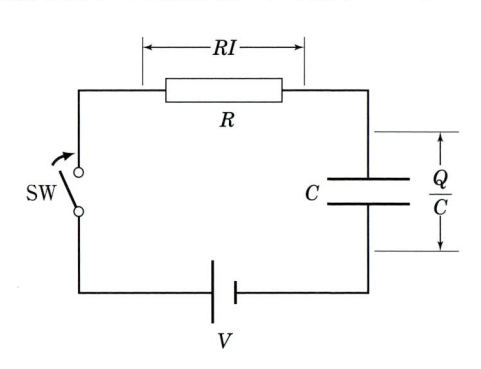

図 9.1 抵抗 R とコンデンサー C を直列に接続した RC 回路

いる電流を I, コンデンサーにたまった電荷を Q とすると，回路を 1 周したときの電圧の関係式はキルヒホッフの第 2 法則より，

$$RI + \frac{Q}{C} = V \tag{9.1}$$

と表せる．いま，この式の両辺を t で微分し，さらに (7.1) により $dQ/dt = I$ とおいてみると，

$$\frac{dI}{dt} + \frac{1}{RC} I = 0 \tag{9.2}$$

となるが，この式の解は

$$I = Ae^{-Bt} \quad (A, B \text{ は定数}) \tag{9.3}$$

の形で表せることがわかっている（この微分方程式の詳しい解き方は下のひとくちメモに示す）．そこで，(9.3) を (9.2) に代入してみると

$$B = \frac{1}{RC}$$

となる．右辺の逆数をとった

$$\tau = RC \tag{9.4}$$

は時定数とよばれ，時間の次元をもつ．

> **ひとくちメモ**
>
> (9.2) の 1 階の微分方程式は変数分離法により解くことができます．まず，この式の中の 2 つの変数 I と t に関する量を等式の左辺と右辺に分離し，その両辺にそれぞれ積分記号をつけて積分すると
>
> $$\frac{1}{I} dI = -\frac{1}{RC} dt, \quad \int \frac{1}{I} dI = -\int \frac{1}{RC} dt$$
>
> $$\therefore \quad \log I = -\frac{1}{RC} t + C' \quad (C' \text{ は積分定数})$$
>
> この対数を指数に戻すと，(9.3) の形になることがわかります．

また，スイッチを入れた瞬間，すなわち $t = 0$ のときに回路を流れる電流を I_0 とすると，$e^0 = 1$ より (9.3) は $I_0 = A$ となり，このときコンデンサーが導通しているように回路がはたらくので，オームの法則より

$$I_0 = \frac{V}{R}$$

となる．以上から，(9.2) の解である (9.3) は

$$I = \frac{V}{R} e^{-\frac{1}{RC}t} \tag{9.5}$$

と求まる．

この式で表される，回路を流れる電流の時間変化は図のようになる．この図で時定数 τ は回路を流れる電流が最初 ($t = 0$ のとき) の値の $1/e$ になる時間を表していることがわかる．一般に，時定数は回路がほぼ安定になるまでの時間を表す．

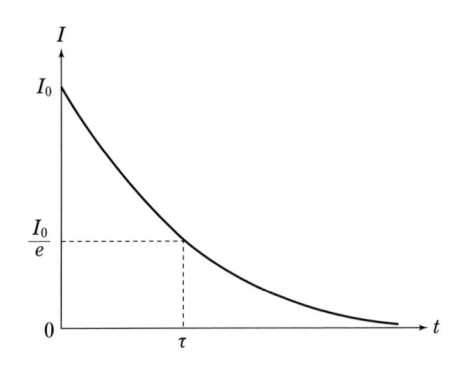

図 9.2 RC 回路を流れる電流の時間変化

9.2 抵抗とコイルを含む回路

スイッチを介して抵抗とコイルを直列に接続した回路を考える．コイルの両端には，8.4 節で学んだようにコイルを流れる電流の変化を妨げるように誘導起電力 $-L\,dI/dt$ (L は自己誘導係数，自己インダクタンス) が発生するので，スイッチを入れてから t 秒後の電圧の関係式は，キルヒホッフの第 2 法則より

$$RI + L\frac{dI}{dt} = V \tag{9.6}$$

となる．

この微分方程式も先のコンデンサーを含む回路の場合とほぼ同様にして解くことができ，その解は，

$$I = \frac{V}{R}\left(1 - e^{-\frac{1}{L/R}t}\right)$$

(9.7)

となる．この場合の時定数は

$$\tau = \frac{L}{R}$$ (9.8)

であり，回路を流れる電流の時間変化は図のようになる．

スイッチを入れるとコイルの誘導起電力が電池の電圧を打ち消すが，電流が流れるにつれて誘導起電力は低下していく．

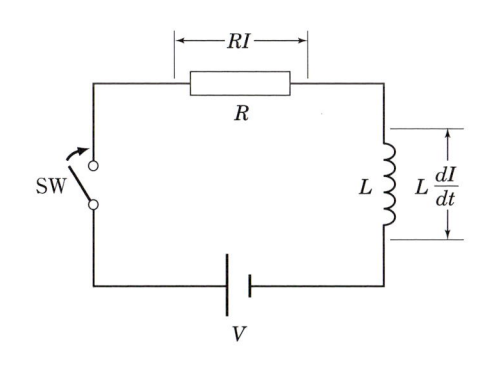

図 9.3 抵抗 R とコイル L を直列に接続した RL 回路

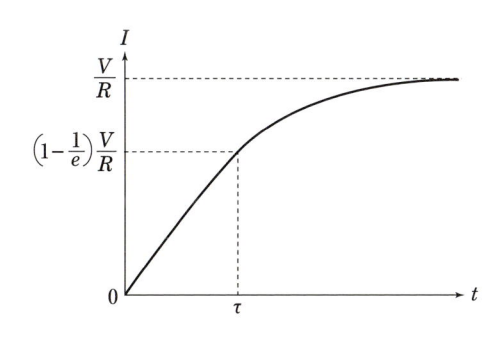

図 9.4 RL 回路を流れる電流の時間変化

9.3 抵抗，コイル，コンデンサーを含む交流回路（**RLC 回路**）

抵抗とコイルとコンデンサーを直列に接続した回路を交流電源につないだ場合を考えてみよう．

交流とは一定の周波数で電圧の正負が入れ替わる（振動する）もので，その交流電源の電圧は

$$V = V_0 \sin \omega t$$ (9.9)

と表される．ここで V_0 は最大電圧（振動の振幅に相当），ω は角周波数

(角速度) である．

　この回路の電圧の関係式はキルヒホッフの第2法則より

$$L\frac{dI}{dt} + \frac{Q}{C} + RI = V_0 \sin \omega t$$

となる．これを時間 t で微分し，$dQ/dt = I$ の関係を使えば，

$$L\frac{d^2I}{dt^2} + R\frac{dI}{dt} + \frac{I}{C} = V_0 \omega \cos \omega t \tag{9.10}$$

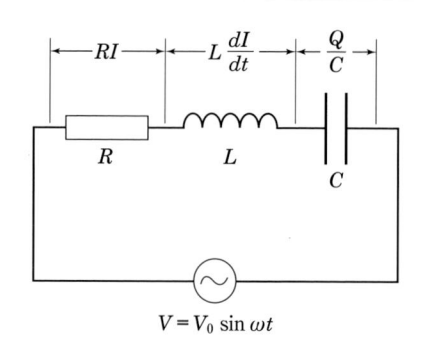

図 9.5 抵抗 R，コイル L，コンデンサー C の回路に交流電源をつないだ場合

のように電流 I と時間 t に関する2階微分方程式となる．この式を直接解くのは容易ではないが，回路に角振動数 ω で振動する電圧を加えているので，回路に流れる電流も，多かれ少なかれ同じ振動数成分をもつことが予想される．

　そこで，その電流を

$$I = I_0 \sin(\omega t - \phi) \tag{9.11}$$

とおき，もとの方程式 (9.10) に代入すると，

$$I_0\left\{R\omega \sin\phi - \left(L\omega^2 \cos\phi - \frac{1}{C}\cos\phi\right)\right\}\sin\omega t \\ + \left\{I_0\left(R\omega \cos\phi + L\omega^2 \sin\phi - \frac{1}{C}\sin\phi\right) - \omega V_0\right\}\cos\omega t = 0 \tag{9.12}$$

となる．ここで I_0 は最大電流 (振動の振幅に相当) である．また，ϕ は位相とよばれ，交流発電機で加えた電圧と回路を流れる電流の時間的なずれを表す量である．

　この式がいつも成り立つためには，$\sin \omega t$ と $\cos \omega t$ に掛かっている係数がどちらもゼロでなければならない．

$$R\sin\phi - \left(L\omega - \frac{1}{C\omega}\right)\cos\phi = 0 \tag{9.13}$$

$$R\cos\phi + \left(L\omega - \frac{1}{C\omega}\right)\sin\phi = \frac{V_0}{I_0} \tag{9.14}$$

これらの式より,

$$I_0 = \frac{V_0}{Z}, \qquad Z = \sqrt{R^2 + \left(L\omega - \frac{1}{C\omega}\right)^2} \tag{9.15}$$

および

$$\tan\phi = \frac{1}{R}\left(L\omega - \frac{1}{C\omega}\right) \tag{9.16}$$

が得られる.(9.15)で表される Z は直流の場合の抵抗に対応するもので,インピーダンスとよばれる.

9.4 共振と電磁波

9.4.1 共振

RLC 回路において,加えている交流電圧の振幅を一定として,その周波数を変えていくと,回路を流れる電流が最大となるのは (9.15) よりインピーダンス Z が最小のときなので,根号の中が最小となる

$$L\omega - \frac{1}{C\omega} = 0 \tag{9.17}$$

を満たすときである.このときの周波数 f は力学入門の振動のところで学んだ $f = \omega/2\pi$ の関係を用いて,

$$f = \frac{1}{2\pi\sqrt{LC}} \tag{9.18}$$

となり,この周波数で回路は共振するという(f を共振周波数という).また,この回路を共振回路とよぶ.

共振周波数付近での回路を流れる電流の振幅 I_0 と周波数との関係は図 9.6 のようになり，R が小さいほど共振のピークは高くなる．この共振の性質を利用して，R をできるだけ小さくした $(R)LC$ 回路（共振回路）は，ラジオの放送局が電波を発射する場合や，その放送局の電波をラジオで受診する場合に同調回路として使われる．

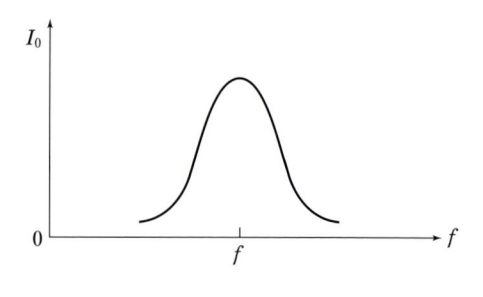

図 9.6 共振回路を流れる電流の周波数特性

9.4.2 アンテナからの電波の発射と電磁波

ラジオやテレビの放送局では図 9.7 に示すように，高周波発信回路（交流電源と同じ）から共振回路を通して送信アンテナに高周波電力を供給する．送信アンテナは，対向した 2 本の金属（導体）棒で作られている．

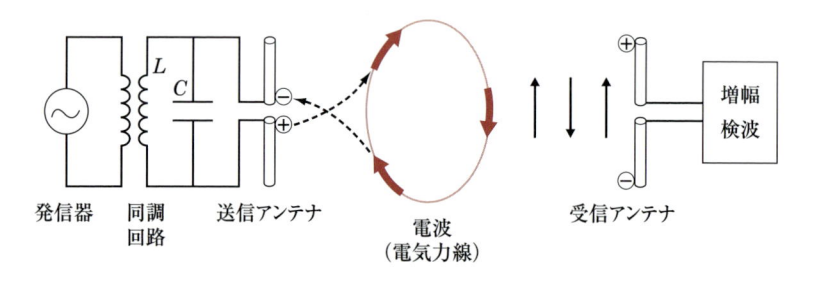

図 9.7 ダイポールアンテナからの電波の発射と受信

いま，最初に送信アンテナの上側電極の上端に正電荷が，下側の電極に負電荷が達したとする．この瞬間，電気力線が正電荷から出て負電荷に入るが，時間の経過とともに，この電気力線は何もない真空中または空気中を光速で広がっていく．正負の電荷はこの間に送信アンテナの

2つの電極を交互に移動し，下側電極に正電荷が，上側電極に負電荷が移動する．このとき，電気力線は交差することになるが，実際にはその瞬間に電気力線が互いに反発し，電気力線の輪となって光速で広がりながら飛んでいく．図では右回りの電気力線の輪が飛んでいる．次には，その逆回りの電気力線が飛んでいく．このようにして逆回りの電気力線の輪が交互に飛んでいく．

このように放出された電波を受信アンテナで受信する．受信アンテナには電気力線の向きが正・逆交互にかかってくるので，これに対応した交流電圧が発生する．

このようにして何もない真空中でも電波は飛んで（伝わって）いくことができる．また，これはエネルギーを伝えていることにもなる．つまり，受信アンテナに電圧を発生させ，わずかではあるが電力を与えている．この場合，電気力線はそれに垂直な磁力線をともなっている．このため，この電波は電磁波とよばれる．電磁波は波（横波）であるが，それを伝える媒質がない真空中でも伝わることができるのである．

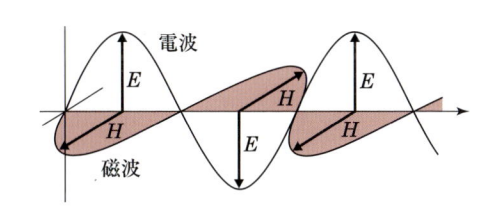

図 9.8 電磁波の進行．電波と磁波は直交して進む．

電磁波はその周波数によって性質が異なっている．周波数が低い中波や短波はラジオ放送に使われている．より周波数が高い電磁波は VHF，UHF などテレビ放送に使われる．それよりさらに高い周波数のマイクロ波はレーダーや電子レンジに使われている．このあたりまでの周波数の電磁波は波の性質が顕著に現れる．

しかし，それより周波数の高い電磁波は，光，X 線，γ 線と続き，粒子の性質が強くなることが知られている．アインシュタインは粒子の性質

をもつ光を特に光量子とよんだ．プランクは，この光量子のもつエネルギーがその周波数に比例して大きくなるという仮説を立てた．

物質を構成する陽子や中性子，電子などの素粒子はこのようなエネルギーが非常に狭い場所に集中してできていると考えられる．電子と陽電子を正面衝突させると，それらは消滅して2つのγ線がこれらの進路と垂直で互いに逆方向に飛んでいくことが実験で確かめられている．

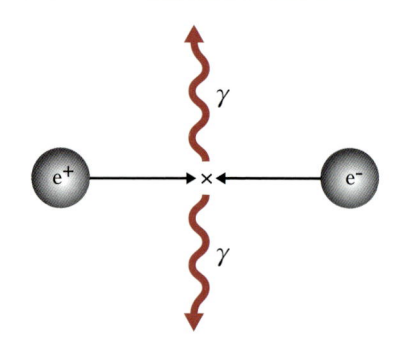

図 9.9 電子・陽電子消滅．電子と陽電子が衝突して2つのγ線が発生する．

このような質量と電磁波のエネルギーの関係は，アインシュタインが相対性理論により導いた，

$$E = mc^2 \tag{9.19}$$

に従うことが示されている．ここで，$c = 3 \times 10^8 \, [\text{m/s}]$ は光速を表す．

章末問題

[**1**] RC 回路に流れる電流に関する微分方程式 (9.2) の解が (9.3) で表されることを示せ．

[**2**] RL 回路に流れる電流に関する微分方程式 (9.6) の解が (9.7) となることを示せ．

[**3**] RLC 回路に交流電圧 (9.9) を加えた場合に，回路に流れる電流は (9.15) となることを示したが，抵抗がなく ($R = 0$)，

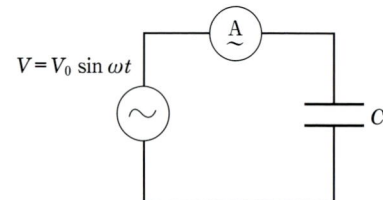

またコイルもない ($L = 0$) 場合 (つまりコンデンサーだけの回路) には電流 I はどのようになるか. (9.15) と (9.16) から求めよ.

また, この場合の消費電力 $P = VI$ はどのような時間変化をするか. さらに, その 1 周期 ($T = 2\pi/\omega$) の平均値

$$\langle P \rangle = \frac{1}{T} \int_0^T VI \, dt$$

を求めよ.

[4] 問題 [3] で, コイルはあるがコンデンサーがない ($C = \infty$, 導通している) 場合 (つまりコイルだけの回路) について, 電流と消費電力を求めよ.

[5] 図 9.5 に示した共振回路に (9.9) で表される交流電圧を加えて共振したときの電流を ω と t の関数として求めよ.

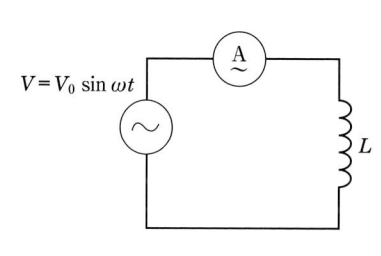

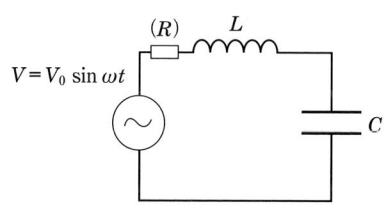

[6] 何も媒質がない真空中をなぜ電磁波は伝わることができるのだろうか? 自分の言葉で説明せよ.

クイズの答え

① 位置（空間における大きさ，距離），質量，時間の3つの量．それぞれの単位が m，kg，s，すなわち MKS–SI 単位系である．

② 正解は (2)．動く方向は必ずしも位置ベクトルの方向である必要はない．

③ 正解は (2)．1 N は小さ目のりんご1個（約 0.1 kg）の重力程度の大きさである．これは重力 mg に $m = 0.1$，$g = 9.8$ を代入すればほぼ 1 N となることからわかる．

④ 同種の金属を平面に研磨して接触させると，両面の原子同士が金属結合とよばれる強い原子間引力によって結合するので，摩擦として非常に大きくなる．一方，粗い面上で物体を滑らせるために必要な力はそれほどは大きくない．このような実験によってクーロンが提唱した摩擦の理論，すなわち，物体は面の凹凸に沿って上下するので，物体を持ち上げるためのエネルギーロスとして摩擦力が発生すると考えた理論が打ち消された．

⑤ ハンドルをもとに戻し，タイヤと路面のグリップを感じてから少しずつ左にきる．まだスリップする場合は，この操作をくり返す．しかし，スピードが出ていれば間に合わない．
　この操作は"逆ハンドル"とよばれ，レーサーが高速でカーブを曲がるときに使うテクニックの一つである．

⑥ 水平に保っているとき，根の方が左回り，茎の方が右回りの回転力を与え，これらがつり合っている．糸で吊るした位置から切った部分の重心の位置までの距離が短い茎の部分の方が質量は大きい．

⑦ (6.4) より $E = F/q = [\text{N/C}]$

⑧ この面で見えるのは 8 本であるが，実際には電気力線は 3 次元に広がっているので 26 本．

⑨ (6.11) より $\phi = E \cdot r = [\text{Nm/C}] = [\text{V}]$

⑩ コンデンサーは 2 枚の電極を互いに接近させた構造なので，電池につなぐと，＋極から出る正電荷と－極から出る負電荷がお互いに引き合い，それぞれの極板の内側表面に集まったままとなり，電池から切り離しても電荷は互いに引き寄せられているので，たまったままとなる．
　コンデンサーにたまる電気量は加えた電圧に比例するので，電圧を 2 倍に

すると，たまる電気量も2倍となる．

⑪ (c) 極板間の空間にたまっている．この空間（誘電体を挟んでいる場合はその中）に発生している電場がエネルギーをもっている．

⑫ コンデンサーとバッテリーはどちらも電気をためることができるが，利用面で大きな違いがある．バッテリーの電圧は，使うに連れて多少下がってくるが，たまっている電気を使い果たす直前まで，ほぼ一定である．これに対し，コンデンサーの両極板間の電圧はたまっている電気量に比例して変化するので，特殊な回路（定電圧回路など）を付けない限り，バッテリーのように電源としては使えない．しかし，コンデンサーは急激な充電・放電が可能なので，瞬間的に大電流が必要な場合や，パルスのような形で入ってくる電気エネルギーを次々とためることができる．

⑬ 銀，銅，金，白金の順に電気を通しやすい．電気抵抗率は室温で
$$Ag : 1.60,\ Cu : 1.70,\ Au : 2.22,\ Pt : 10.6\ (\times 10^{-8}\ \Omega m)$$
である．

⑭ (8.3) より $[H] = [F/m']= [N/Wb]$ となる．後で出てくる (8.12) より，これは $[A/m]$ となることが示される．

⑮ (8.6) より B の単位は $[N/Am]$ となることがわかる．ゆえに $[N/Am] = [Wb/m^2]$ の関係がある．

⑯ 電流が流れているコイルは磁場（磁力線）を発生し，電場の場合と同様に磁場のエネルギーとして主にコイルの中の空間に蓄えられている．コイルの外の磁力線がある部分にも磁場のエネルギーとして分布している．

章末問題解答

第 1 章

[1] ベクトル B と反対の方向を向いたベクトル $-B$ を描き，これとベクトル A の和をとればよい．すなわち，A と $-B$ を隣り合う 2 辺とする平行四辺形を描き，この 2 辺に挟まれた対角線 $A+(-B)=A-B$ が答えとなる．

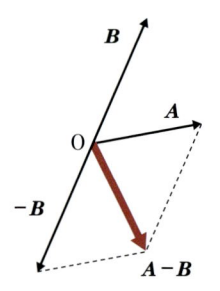

2つのベクトルの差を平行四辺形の図で求める方法

[2] 各自で本文の内容をまとめてみよ（ここでは1つの簡略化した例を示す）．
微小時間 dt の間に質点が距離 dr（動いた方向を含むベクトル量）だけ動いたときの質点の速度は，dr を dt で割ったものである．これを式で書けば，

$$v = \frac{dr}{dt}$$

となる．この式の右辺は位置ベクトル r を時間 t で微分したものとなっている．

[3] 加速度 a は dv の方向を向き，その大きさは dv/dt となる．

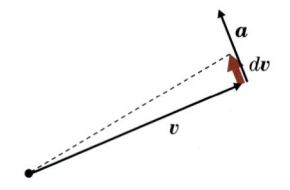

[4] 図 (a) では $r=r_0=$ 一定 なので，これを t で微分して
$$v = 0 \tag{1}$$
となり，グラフは横軸（t 軸）上の直線となる．

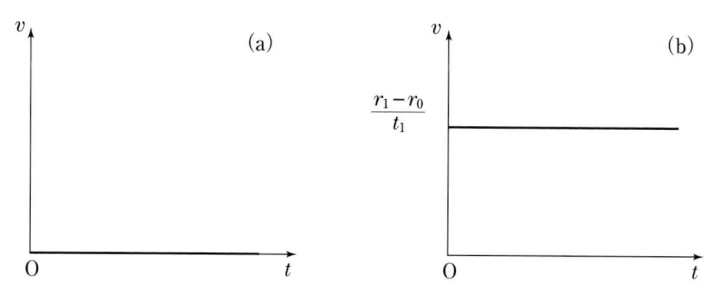

(1) 式のグラフ (a) と (2) 式のグラフ (b)

図 (b) ではグラフの直線の式は

$$r = r_0 + \frac{r_1 - r_0}{t_1 - 0} t$$
$$= r_0 + \frac{r_1 - r_0}{t_1} t$$

である．速度を求めるにはこれを t で微分して

$$v = \frac{r_1 - r_0}{t_1} \qquad (2)$$

となる．この式のグラフは t 軸に平行な直線となる．

[5] 図のように東向きと北向きの 2 つの速度を合成することができる．合成した速度の大きさは 100 km/h となる．

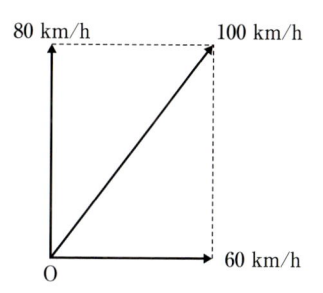

第 2 章

[1] 各自で本文の内容をまとめてみよ（ここでは 1 つの解答例を示す）．
　運動の第 1 法則は慣性の法則である．外から力がはたらかない限り，静止している物体は静止し続け，動いている物体はその速度で等速直線運動を続ける．第 2 法

則は，物体に力を加えると加速度が生じるが，それは加えた力に比例するというものである．第3法則は作用・反作用の法則である．2つの物体（人でもよい）が互いに力を及ぼし合うとき，一方（自分）が他方に及ぼす力と，他方が一方（自分）に及ぼす力は大きさが等しく，方向が反対である．

[2] 加速度をもたない座標系を慣性系とよび，この系において速度をもたない物体のことである．宇宙の中で静止しているものを特定することはできない．

[3] (a) 万有引力の式 (2.5) より
$$F = \pm G \frac{m^2}{r^2}$$
左側の球は符号が正に，右側の球は負に対応する．

(b) 糸が θ だけ傾いて両球が静止したとき，右側の球に加わる重力の水平方向成分（右向き）と万有引力（左向き）がつり合っているので，
$$mg \sin\theta \cos\theta = G \frac{m^2}{(r - 2l\sin\theta)^2}$$
この式の中で $\sin\theta \fallingdotseq \theta$, $\cos\theta = 1$ と近似すると，θ についての方程式は
$$4gl^2 \theta^3 - 4glr \theta^2 + gr^2 \theta - Gm = 0$$
となるが，さらに θ の項に比べて θ^3 や θ^2 の項は小さいとして無視すれば，
$$\theta \fallingdotseq \frac{Gm}{gr^2}$$
が得られる．

[4] (a) 図 2.9 を参照．

(b) $\mu = \tan\theta = 0.5$ より $\theta = 26.57°$．

[5] 3辺の比が 3：4：5 の直角3角形の 3：4 の 2辺でつくられる長方形を描き，この 2辺と，それらに挟まれる対角線を反対方向にしたものを加えればよい．

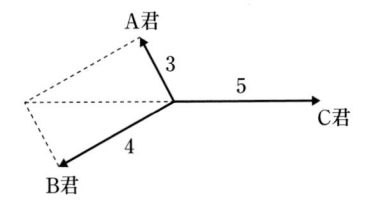

[6] 両手について： 手が壁を押す力とその反作用としての壁の抗力．

両足について： 垂直方向は，自分の体重による重力とそれに対する床の抗力．
水平方向は，手が壁を押す力と同じ大きさで向きが反対の力，およびそのときの床の摩擦力．

第 3 章

壁の抗力　作用力　床の抗力　作用力　床の摩擦力　重力

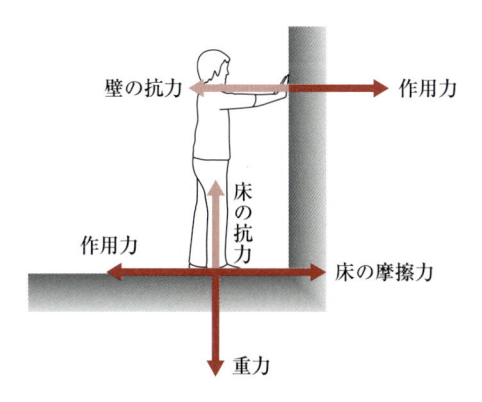

第 3 章

[1] (a)　$x = v_0 t \cos\theta, \ y = v_0 t \sin\theta - \dfrac{1}{2} g t^2$

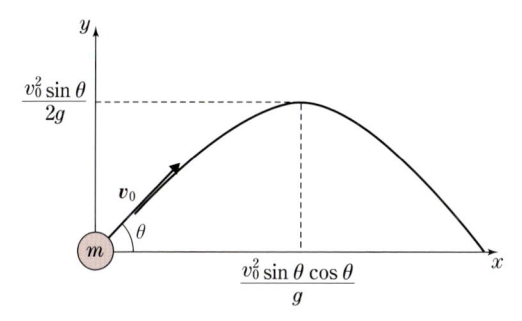

(b)　$y = -\dfrac{g}{2v_0^2 \cos^2\theta}\left(x - \dfrac{v_0^2 \sin\theta \cos\theta}{g}\right)^2 + \dfrac{v_0^2 \sin^2\theta}{2g}$

[2]　上向きの慣性力は $ma = 60 \times 0.98\,[\mathrm{N}]$ となるので体重計には $60(g + 0.1g)$ の力，すなわち $66\,\mathrm{kg}$ の目盛りが表示される．

[3]　本文を参照し，各自で説明せよ．この向心力は糸によって引き起こされている．

[4]　本文を参照し，各自で答えよ．

[5]　遠心力は

$$F = \dfrac{mv^2}{r} = \dfrac{60 \times (50 \times 10^3)^2}{(60 \times 60)^2 \times 10^3} \fallingdotseq 11.6\,[\mathrm{N}]$$

[6]　人工衛星にはたらく遠心力は $F = mr\omega^2 = 4\pi^2 mr/T^2$．これが向心力

（地球と人工衛星の間にはたらく万有引力）とつり合うことから

$$\frac{4\pi^2 mr}{T^2} = G\frac{mM}{r^2}$$

となる．これより

$$T^2 = \frac{4\pi^2}{GM}r^3$$

と表される．この関係式はケプラーの第3法則とよばれている．

［7］ 振り子の周期は $T = 2\pi\sqrt{l/g}$ と表され，振り子の熱膨張は

$$l = l_0(1 \pm 20 \times 10^{-6} \times 10) = l_0(1 \pm 2 \times 10^{-4})$$

$$\therefore\ T = 2\pi\sqrt{\frac{l}{g}}\,(1 \pm 2 \times 10^{-4})^{\frac{1}{2}} \fallingdotseq 2\pi\sqrt{\frac{l}{g}}\,(1 \pm 1 \times 10^{-4})$$

となり，約 0.01 % の誤差，すなわち，1日に 8.64 秒の遅れまたは進みが出る．

第 4 章

［1］ エネルギーとは仕事をすることができる能力であり，物体に力 F を加えて距離 r だけ移動させた場合に力がした仕事は Fr と表される．この仕事をされた分だけ物体のもつエネルギーが増加する．

［2］ 力を r に平行な方向の成分 ($F\cos\theta$) と，それに垂直な方向の成分 ($F\sin\theta$) に分ける．垂直な方向には物体は移動していないので，この力の成分による仕事はゼロである．平行な方向の力の成分がした仕事は $Fr\cos\theta$ となるので，これが $\boldsymbol{F}$ と $\boldsymbol{r}$ のスカラー積となっている．

［3］ m_1 が m_2 に及ぼしている万有引力は

$$F = -G\frac{m_1 m_2}{r^2}$$

である．これを (4.4) に代入して積分すればよいのであるが，積分範囲の基準点として $r = 0$ を使うと，ここでは F が ∞ となってしまう．このような場合，基準点は $r = \infty$ を使えばよい．

$$\begin{aligned}
U &= -\int_\infty^r F\,dr = Gm_1 m_2 \int_\infty^r \frac{1}{r^2}\,dr \\
&= Gm_1 m_2 \left[-\frac{1}{r}\right]_\infty^r \\
&= -G\frac{m_1 m_2}{r}
\end{aligned}$$

この式のグラフは次のようになる．

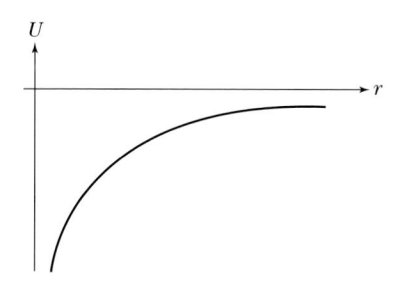

[4] 斜面に沿って物体を滑らせながら上げる力は，重力に抗した力 $mg\sin\theta$ と滑り摩擦力 $\mu mg\cos\theta$ との和であり，移動させる距離は $h/\sin\theta$ であるので，このときの仕事は

$$W = mgh\left(1 + \mu\frac{\cos\theta}{\sin\theta}\right)$$

となる．

[5] 物体が止まるまでは滑り摩擦力（一定の力）$F = -\mu mg$ がはたらくので，物体は等加速度（減速）運動をする．このときの運動方程式

$$m\frac{dv}{dt} = -\mu mg$$

を t で積分して

$$v = \frac{dr}{dt} = v_0 - \mu gt \tag{1}$$

これをもう一度 t で積分して

$$r = r_0 + v_0 t - \frac{1}{2}\mu g t^2 \tag{2}$$

よって，(1) より $v = 0$ となる時刻は

$$t = \frac{v_0}{\mu g}$$

となる．また，これを (2) に代入して $r_0 = 0$（出発点をあらためて原点にとる）とおけば，物体が止まるまでに移動した距離は（ここで v_0 を問題で与えられた v とおいて）

$$r = \frac{v^2}{2\mu g}$$

となる．(1) のグラフは次頁の図のようになる．

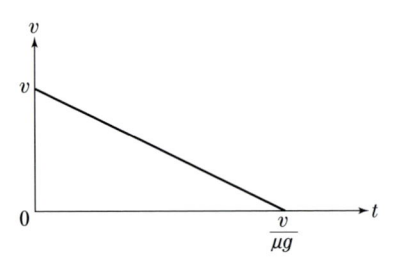

第 5 章

[1] (5.4) より
$$v_2' = e(v_1 - v_2) + v_1'$$
これを (5.3) に代入して整理すれば v_1' が得られる．v_2' についても同様に求められる．さらに，
$$\Delta E = \left(\frac{1}{2} m_1 v_1^2 + \frac{1}{2} m_2 v_2^2\right) - \left(\frac{1}{2} m_1 v_1'^2 + \frac{1}{2} m_2 v_2'^2\right)$$
$$= \frac{1}{2} \frac{m_1 m_2}{m_1 + m_2} (1 - e^2)(v_1 - v_2)^2$$
となる（計算は各自で）．

[2] (5.6) において $m_1 = m_2 = m$, $v_1 = v$, $v_2 = 0$, さらに弾性衝突なので $e = 1$ を代入すれば
$$v_1' = 0, \qquad v_2' = v$$
となる．

[3] 衝突後に両物体がくっ付いたので衝突は完全非弾性衝突であり，$e = 0$ である．
さらに $v_1 = v$, $v_2 = 0$ を (5.6) に代入して
$$v_1' = v_2' = \frac{v}{2}$$
が得られる．衝突で失われた力学的エネルギーは (5.7) より
$$\Delta E = \frac{1}{2} \frac{m_1 m_2}{m_1 + m_2} (1 - e^2)(v_1 - v_2)^2$$
$$= \frac{1}{4} m v^2$$
となる．

[4] 回転の運動方程式 (5.10) より

$$\frac{dL}{dt} = N = 一定 \tag{1}$$

両辺を t で積分すると

$$L = Nt$$

が得られ，このグラフは直線となる．

回転軸の摩擦を考えると，軸受けは滑り摩擦または転がり摩擦なので，回転速度によらず一定の負の回転力 $(-N')$ が加わるので

$$L = (N-N')t$$

となる．さらに空気抵抗を考えると，回転が比較的遅い場合には空気との間にはたらく粘性抵抗が主にはたらき，これは速度に比例する．さらに回転が速くなると慣性抵抗とよばれる速度の 2 乗に比例した抵抗力がはたらくので，やがてこれらの抵抗力がモーターの回転力とつり合うようになる．このときには回転の運動方程式は

$$\frac{dL}{dt} = N - N' - aL - bL^2 = 0$$

である (a, b は正の定数)．

このとき

$$L = \frac{-a + \sqrt{a^2 + 4b(N-N')}}{2b}$$

となり，それ以上 L は変化しなくなる．このときのグラフは図のようになる．

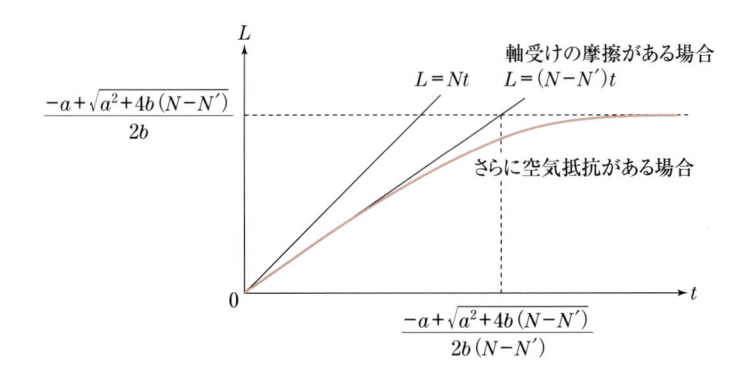

[5] 回転しているコマは角運動量 L をもっているので，回転軸の摩擦や空気抵抗が無視できるような条件では角運動量保存の法則が成り立つ．角運動量はベクトル量であり，これが保存されるということは，その大きさも方向も一定であるということである．したがって，コマはその回転方向を変えることなく，倒れない．

第 6 章

[1] 電気量 q_1, q_2 を帯びた 2 つの物体 (質点) の間にはお互いに力がはたらき, 同符号なら反発, 異符号なら引き合う力がはたらく. この力はそれぞれの電気量の大きさに比例し, 2 つの電荷の距離の 2 乗に反比例する.

電荷が置かれている周りにもう 1 つの電荷をもってくると, 何もない空間で力を受ける. そこには電気の場, すなわち電場があると考える.

[2] まず, クーロンの法則の式

$$F = \frac{1}{4\pi\varepsilon_0}\frac{q_1 q_2}{r^2}$$

より, 定数 $[1/4\pi\varepsilon_0]$ の次元は $[F(r^2/q^2)] = [\text{Nm}^2/\text{C}^2]$ である.

次に,

$$E = \frac{1}{4\pi\varepsilon_0}\frac{q}{r^2}$$

より, $[E] = [\text{Nm}^2/\text{C}^2][\text{C}/\text{m}^2] = [\text{N/C}]$ となる. さらに, (6.13) より $[V] = [Er] = [\text{Nm/C}]$ となるので, これら 2 つの式から

$$[E] = [\text{V/m}]$$

が得られる.

[3] 電場の方向として上向きを正にとる. 油滴にはクーロン力 qE が上向きにはたらき, これが重力 mg とつり合うことから, $q = mg/E$ が得られる.

[4] 棒の中心を原点にとる. 棒は回転力 (トルク) を受ける. $+q$ から $N = (1/2)qlE\sin\theta$, $-q$ からも $N = -(1/2)(-q)lE\sin\theta$ を受ける. これらをまとめて, トルク $\boldsymbol{N} = q\boldsymbol{l} \times \boldsymbol{E}$ を受ける.

[5] 図のように縦・横・高さがそれぞれ a, b, c の直方体の閉曲面を考える. 下の面はプラスの極の電極板の中心にあるとすると, この面は導体中にあるので, ここを貫く電気力線はない. さらに, 直方体の前後・左右の面を貫く電気力線もないので, 上面を貫く電気力線のみがあり, この部分の電場を E とすれば,

$$N = \oint \boldsymbol{E} \cdot \boldsymbol{n}\, dS$$
$$= abE$$

これが閉曲面の内部にある全電気量 σab の $1/\varepsilon_0$ に等しい (ガウスの法則) ので,

$$E = \frac{\sigma}{\varepsilon_0}$$

が得られる.

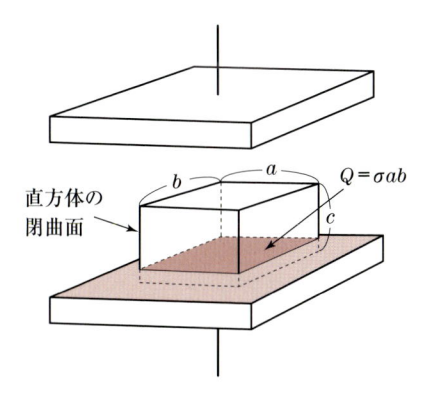

第 6 章

[6] $r<a$ では電気力線はないので $E=0$, $r>a$ では点電荷が r の距離につくる電場と同じであるので $E=Q/4\pi\varepsilon_0 r^2$, $r=a$ では，その外側では $E=Q/4\pi\varepsilon_0 r^2$, 内側では $E=0$ であるので，これらの平均 $E=Q/8\pi\varepsilon_0 a^2$ となる．

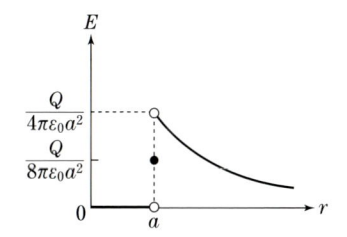

[7] (6.11) に上の問題の答えの E を代入して積分を実行すると，$r \geqq a$ で
$$\phi = -\int_{r_0}^{r} E\,dr = \frac{1}{4\pi\varepsilon_0}\frac{Q}{r}$$
$r \leqq a$ で $\phi = Q/4\pi\varepsilon_0 a$ となる．ただし，球の内部が空または絶縁体で満たされている場合は $r<0$ で $\phi=0$ となる．

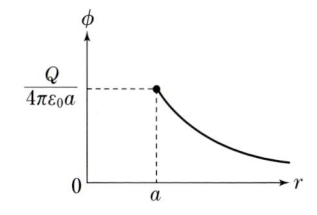

[8] 導体表面を内部に含む，非常に小さい直方体 ($a \times b \times c$) を考えると，その内部に含まれる導体表面は平面であるとしてよいので，問題[5]と同じ手順で，
$$E = \frac{\sigma}{\varepsilon_0}$$

が得られる．このことはガウスの定理とよばれている．

[9] 直列接続なので，互いに接続された極板についてみると，もともと中性であったので，片方に $+Q$ の電荷が現れると，もう一方には $-Q$ の電荷が現れる．つながれた2つのコンデンサーの両端にかかっている電圧は $Q = C_1 V_1 = C_2 V_2$ より，

$$V = V_1 + V_2 = Q\left(\frac{1}{C_1} + \frac{1}{C_2}\right)$$

よって，

$$C = \frac{Q}{V} = \left(\frac{1}{C_1} + \frac{1}{C_2}\right)^{-1}$$

第 7 章

[1] 電流は導線のある断面を1秒間に通過する電気量のことである．微小な時間間隔 dt 秒間に通過した電気量が dq [C] であるとき，

$$I = \frac{dq}{dt}$$

の関係がある．

この式の両辺を t で積分して

$$Q = \int_0^{1 \times 60 \times 60} I\,dt = 10 \times 60 \times 60$$
$$= 3.6 \times 10^4 \,[\text{C}]$$

[2] ある導線（抵抗）の両端に加えた電圧は，導線を流れる電流に比例する．そのときの比例定数を電気抵抗とよぶ．このときの関係式は

$$V = RI$$

である．

[3] (7.3) に $\sigma = \rho^{-1} = 1.70 \times 10^{-8}\,[\Omega\text{m}]$ を代入して，

$$R = \rho\frac{l}{S} = 1.70 \times 10^{-8} \times \frac{1}{\pi} \times (2 \times 10^{-4})^{-2} = 0.135\,[\Omega]$$

と求まる．

[4] 作るヒーターは100 V - 800W なので，流れる電流は $P = VI$ より 8 A である．このヒーターの抵抗は 12.5Ω である．

$$R = \rho\frac{l}{S} = 110 \times 10^{-8} \times \frac{1}{\pi} \times (1.5 \times 10^{-4})^{-2} l = 12.5$$

$$\therefore\ l = 0.80\,[\text{m}]$$

[5] 電流計の針を振らせるためには，磁石の中に置かれた回転できるコイルに

電流を (わずかではあるが) 流さなければならない．このコイルには "内部抵抗" とよばれる抵抗 (抵抗値を R とする) がある．さらにこのコイルに並列に，測定できる電流値に見合った比較的小さい既知の抵抗 (標準抵抗などとよばれる正確な値をもつ抵抗) r が接続されていて，全体として 1 つの電流計となっている．この電流計に流れ込む電流 I は，r を流れる電流 I_0 とメーターを振らせるために R に流れる電流 I' に分かれる．

したがって，
$$I = I_0 + I'$$
さらに，r 側および R とメーター側それぞれに加わっている電圧が等しいことから
$$RI' = rI_0$$
この 2 つの式から I' を消去すれば
$$\frac{I_0}{I} = \frac{I_0}{I_0\left(1 + \dfrac{r}{R}\right)} \fallingdotseq 1 - \frac{r}{R}$$

したがって，$(-r/R) \cdot 100$ [%] が誤差となる．r/R が小さいほど正確に測定できる．ここで $|x| \ll 1$ のときの近似式
$$(1 + x)^n \fallingdotseq 1 + nx$$
を用いた．

［6］ メーターに直列につないだ抵抗 R_0 はメーターの中のコイルの内部抵抗に比べてはるかに大きいので，ここではコイルの内部抵抗は無視できる．R_2 とそれに並列につないだ電圧計 (R_0 を含む) の合成抵抗は
$$R_2' = \frac{R_0 R_2}{R_0 + R_2} = \frac{R_2}{1 + \dfrac{R_2}{R_0}} \fallingdotseq R_2\left(1 - \frac{R_2}{R_0}\right)$$

一方，この合成抵抗の両端にかかる電圧は，
$$V' = \frac{R_2'}{R_1 + R_2'} V \fallingdotseq \frac{R_2}{(R_1 + R_2) + \dfrac{R_1 R_2}{R_0}} V \fallingdotseq \frac{R_2}{R_1 + R_2}\left(1 - \frac{R_1}{R_1 + R_2}\frac{R_2}{R_0}\right) V$$

この最右辺の括弧をはずした式の第 1 項は電圧計をつながない場合に R_2 に加わる真の電圧であり，第 2 項が誤差となる．この誤差は
$$\frac{R_1}{R_1 + R_2}\frac{R_2}{R_0} \cdot 100 [\%]$$
と表されるので，R_2 に比べて R_0 が大きいほど正確に測れる．

［7］ B のところを基準として，A の電圧は $VR_2/(R_1 + R_2)$，C の電圧は $VR_3/(R_3 + R_4)$ である．これらが等しいことから，

$$\frac{R_2}{R_1+R_2} = \frac{R_3}{R_3+R_4}$$
$$\therefore \ \frac{R_2}{R_1} = \frac{R_3}{R_4}$$

第 8 章

[1] この電子はローレンツ力
$$f = qv \times B \qquad (8.7)$$
を受ける．磁束密度の方向を鉛直上向きとすると，この力は水平面内で v にいつも垂直な方向であり，また v の大きさを変えることもないので，その大きさは常に一定である．この場合，電子はローレンツ力を向心力として等速円運動（サイクロトロン運動）をする．この円運動の向心力は遠心力とつり合うので，
$$evB = m\frac{v^2}{r} = mv\omega$$
これより，円運動の半径，角速度，周期はそれぞれ
$$r = \frac{mv}{eB}, \qquad \omega = \frac{eB}{m}, \qquad T = \frac{2\pi}{\omega} = \frac{2\pi m}{eB}$$
となる．

[2] まず，ビオ–サバールの法則の中のパラメーター r および θ を，図の原点から dx の位置までの距離 x に置き換える．$r\sin\theta = R$ の関係を使うと，
$$\frac{\sin\theta}{r^2} = \frac{R}{r^3} = R(x^2+R^2)^{-3/2}$$
と表されるので，
$$dH = \frac{1}{4\pi}\frac{I\,dx\sin\theta}{r^2} = \frac{I}{4\pi}R(x^2+R^2)^{-3/2}\,dx$$
これを $x = -\infty \sim +\infty$ の範囲で積分すれば，
$$H = \frac{I}{4\pi}\int_{-\infty}^{\infty} R(x^2+R^2)^{-3/2}\,dx = \frac{I}{2\pi R} \qquad (8.9)$$
と求められる．この解答は (8.9) の証明になっている．ここで積分は次の積分公式を用いた．
$$\int a^2(x^2+a^2)^{-3/2}\,dx = x(x^2+a^2)^{-1/2} + C \qquad (C は積分定数)$$
この積分は不定積分（任意の x の範囲で成り立つ）であるが，右辺は $x = \infty$ を代入すれば 1 となり，$x = -\infty$ を代入すれば -1 となる．

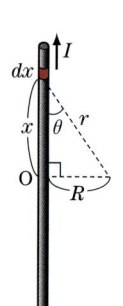

［3］ トランスの 2 次コイルに何も接続されていない場合，1 次コイルに交流電圧を加えると，そのコイルに交流電流が流れ，コイルの内側に磁束 ϕ が発生する．この磁束は鉄心の外に出ることはないので，コイルに自己誘導電圧が発生して，加えた交流電圧を打ち消す．

$$V_1 + N_1 \frac{d\phi}{dt} = 0, \qquad \frac{d\phi}{dt} = -\frac{V_1}{N_1}$$

この磁束が 2 次コイルを貫くので，2 次コイルに誘起する電圧は

$$V_2 = -N_2 \frac{d\phi}{dt} = \frac{N_2}{N_1} V_1$$

となり，1 次コイルと 2 次コイルの電圧比は巻き線比に等しくなる．

［4］ インダクタンス L のコイルに電流 I が流れているとき，コイルに蓄えられているエネルギーは (8.18) の最右辺の括弧の中の量で表されるので，

$$\frac{1}{2} L I^2 = \frac{1}{2} \cdot 1 \cdot 100^2 = 0.5 \times 10^4 [\mathrm{J}]$$

となる．このエネルギーはコイルが切れた部分で火花となり，空中や鉄心がある場合はその中にも放出される．大きいインダクタンスをもつコイルに大電流が流れている場合に回路が切れると非常に危険である．

第 9 章

［1］ (9.3) を (9.2) の左辺に代入すれば

$$\frac{d}{dt} A e^{-Bt} + \frac{1}{RC} A e^{-Bt} = -AB e^{-Bt} + \frac{1}{RC} A e^{-Bt}$$

となるので，ここで $B = 1/RC$ とおけば右辺がゼロになる．すなわち，(9.3) は (9.2) の解になっている．ここで，左辺第 1 項の微分は次の公式を用いた．

$$\frac{d}{dt} e^{-Bt} = -B e^{-Bt}$$

［2］ ［1］と同様に (9.7) を (9.6) の左辺に代入すれば

$$R\left\{\frac{V}{R}(1 - e^{-Rt/L})\right\} - L\frac{d}{dt}\left\{\frac{V}{R}(1 - e^{-Rt/L})\right\} = V - V e^{-Rt/L} - \frac{LV}{R} \frac{-R}{L} e^{-Rt/L}$$
$$= V$$

［3］ コンデンサーに直接交流電源を接続した場合，コンデンサーの両端の電圧と蓄えられる電荷の関係は $Q = CV$ である．この式の両辺を t で微分し

$$V = V_0 \sin \omega t$$

を代入すれば，

$$I = \frac{dQ}{dt} = C\frac{dV}{dt} = CV_0\omega \cos\omega t = CV_0\omega \sin\left(\omega t + \frac{\pi}{2}\right)$$

となる．この2つの式を比べて，コンデンサーに流れる電流は電圧より"位相"が $\pi/2$ だけ進んでいることがわかる．I と V を時間の関数としてグラフを描けば，電流の山は電圧より左側に $\pi/2$ だけずれているので，電流の山が先に来て，その後，電圧の山が来ることがわかる．

このとき，コンデンサーでの消費電力は

$$P = IV = CV_0^2\omega \sin\omega t \cos\omega t = \frac{1}{2}CV_0^2\omega \sin 2\omega t$$

となり，もとの交流電圧の2倍の周波数で変化することがわかる．この P を1周期 $(0 \sim T = 2\pi/\omega)$ で積分し，その時間で割ったものは1周期の間の平均の消費電力であり，

$$\langle P \rangle = \frac{1}{T}\int_0^T VI\,dt = \frac{\omega}{2\pi}\frac{1}{2}CV_0^2\omega \int_0^{2\pi/\omega} \sin 2\omega t\,dt = 0$$

となり，コンデンサー単独では電力は消費されないことがわかる．

［4］［3］の場合と同様にして，コイルに交流電圧

$$V = V_0 \sin\omega t$$

を加えたとき，コイルに流れる電流は $V = L\,dI/dt$ を t で積分して

$$I = \frac{1}{L}\int_0^T V\,dt = -\frac{V_0}{L\omega}\cos\omega t = \frac{V_0}{L\omega}\sin\left(\omega t - \frac{\pi}{2}\right)$$

となる．この式からコイルを流れる電流は電圧より位相が $\pi/2$ だけ遅れることがわかる．消費電力も，［3］と同様にして，

$$P = IV = -\frac{V_0^2}{L\omega}\sin\omega t \cos\omega t = -\frac{V_0^2}{2L\omega}\sin 2\omega t$$

および，その1周期の間の平均は

$$\langle P \rangle = \frac{1}{T}\int_0^T VI\,dt = -\frac{\omega}{2\pi}\frac{V_0^2}{2L\omega}\int_0^{2\pi/\omega}\sin 2\omega t\,dt = 0$$

となる．

［5］図9.5で示した LCR 回路に加えた交流電圧 $V = V_0 \sin\omega t$ と，この回路を流れる交流電流の振幅の関係は

$$I_0 = \frac{V_0}{Z}, \qquad Z = \sqrt{R^2 + \left(L\omega - \frac{1}{C\omega}\right)^2} \qquad (9.15)$$

で表される．回路が共振する（Z が最大となる）のは $\omega = \sqrt{1/LC}$ のときであり，このとき $Z = R$，$I_0 = V_0/R$，$\phi = 0$ となり，

$$I = \frac{V_0}{R}\sin\omega t$$

となる．この式で $R \to 0$ とすれば電流は発散し，理想的な共振回路となる．

［6］ 電磁波は光速で広がっていく，交流で振動する電気力線と磁力線の1組の波（電波と磁波）であり，電気力線や磁力線が真空中に広がることができるので，電磁波も真空中を伝わることができる．

索　引

ア

アンペア　71
アンペールの法則（積分形）　85

イ

位相　94
位置　3
　——エネルギー（ポテンシャルエネルギー）　38
　——ベクトル　5
インピーダンス　95

ウ

ウェーバー　79
宇宙物理学　3
うなり　34
運動エネルギー　40,41
運動の第1法則　9
運動の第2法則　10
運動の第3法則　11
運動方程式　10
　回転の——　49
運動量　43
　——保存則　44
　角——　47

エ

エネルギー　2,3
　位置——　38
　運動——　40,41

　電気の——　65
　ポテンシャル——　38
遠心力　26

オ

オーム　72
　——の法則　72

カ

外積（ベクトル積）　24
回折　32
　——格子　32
回転の運動方程式　49
回転力　48
外力　44
ガウスの法則　59,60
角運動量　47
　——保存則　49
角速度　24,27
　——ベクトル　24
加速度　3,7
過渡現象　90
干渉　32
慣性　9
　——の法則　9

キ

基本ベクトル　17
共振　95
　——回路　95
　——周波数　95
キルヒホッフの第1法則

　76
キルヒホッフの第2法則
　76

ク

空間　2
クーロン　54
　——の法則　54
　——力　13,53

コ

向心力　26
勾配　9
交流　93
光量子　98
転がり摩擦力　15

サ

（最大）静止摩擦力　15
作用・反作用の法則
　11,45
散乱　47

シ

時間　2,3
磁気に関するクーロンの法則　79
自己誘導係数（自己インダクタンス）　87
磁束密度　80
質点　4
　——の力学　4
質量　2,3

索　引

時定数　91
磁場　79
周期　28
ジュール熱　74
消費電力　74
真空の透磁率　79
真空の誘電率　54
振動数（周波数）　29
振幅　27

ス

スカラー積（内積）　38
スカラー量　3
滑り摩擦力　15

セ

静止摩擦係数　16
積分定数　21
絶縁体　67

ソ

相互誘導係数（相互イン
　ダクタンス）　88
速度　3,6
　角――　24,27
　加――　3,7
　等――運動　20

タ

単位ベクトル　54

チ

力　3
　――のモーメント
　　48
　見かけの――　26

テ

抵抗　72
テスラ　81
電圧　63
電位　61
電荷　53
電気抵抗　72
　　――率　73
電気伝導率　73
電気のエネルギー　65
電気容量　64
電気力線　57
電気量　53
電磁波　97
点電荷　53
電場　55
電力　74
　消費――　74
　誘電起――　87

ト

同軸ソレノイドコイル
　88
透磁率　80
　真空の――　79
等速円運動　25
等速直線運動　20
等速度運動　20
ドップラー効果　34
トルク　48

ナ

内積（スカラー積）　38
内力　44

ニ

ニュートン　10
　――の運動の法則
　　10

ハ

媒質　31
波数　28
波長　28
波動関数　28
はね返り係数（反発係数）
　46
バネ定数　29
速さ　6
万有引力定数　12

ヒ

ビオ-サバールの法則
　84
微分　6
比例定数　9

フ

ファラデーの法則　87
フックの法則　30
物体　2
物理量　3
フレミングの左手の法則
　82

ヘ

ベクトル積（外積）　24
ベクトルの成分表示　17
ベクトル量　3

ホ

ホイヘンスの原理　32
保存力　39
ポテンシャルエネルギー
　（位置エネルギー）　38

マ

摩擦の法則　16

ミ

見かけの力　27

ユ

誘電起電力　87
誘電体　67
誘電分極　67
誘電率　67
　真空の——　54

ヨ

容量　64
　電気——　64

リ

力学的エネルギー保存則　41
力積　44
量子力学　3

レ

レンツの法則　87

ロ

ローレンツ力　82

ワ

ワット　74

著者略歴

小野文久（おのふみひさ）

1942 年 岡山県生まれ．1965 年 大阪大学理学部物理学科卒業．1967 年 大阪大学大学院基礎工学研究科修士課程修了．1970 年 東京大学大学院理学系研究科博士課程修了．東北大学工学部助手，岡山大学理学部教授，岡山理科大学客員教授などを歴任．岡山大学名誉教授．理学博士．

初歩の物理 ― 力学・電磁気入門 ―

2008 年 11 月 25 日　第 1 版 発行
2023 年 1 月 30 日　第 1 版 5 刷発行

検印省略

定価はカバーに表示してあります．

著作者	小野文久
発行者	吉野和浩
発行所	東京都千代田区四番町 8-1 電話 03-3262-9166（代） 郵便番号 102-0081 株式会社 裳華房
印刷所	三報社印刷株式会社
製本所	牧製本印刷株式会社

一般社団法人 自然科学書協会会員

JCOPY 〈出版者著作権管理機構 委託出版物〉

本書の無断複製は著作権法上での例外を除き禁じられています．複製される場合は，そのつど事前に，出版者著作権管理機構（電話 03-5244-5088，FAX 03-5244-5089，e-mail:info@jcopy.or.jp）の許諾を得てください．

ISBN 978-4-7853-2231-1

Ⓒ 小野文久，2008　　Printed in Japan

本質から理解する 数学的手法

荒木 修・齋藤智彦 共著　A5判／210頁／定価 2530円（税込）

　大学理工系の初学年で学ぶ基礎数学について，「学ぶことにどんな意味があるのか」「何が重要か」「本質は何か」「何の役に立つのか」という問題意識を常に持って考えるためのヒントや解答を記した．話の流れを重視した「読み物」風のスタイルで，直感に訴えるような図や絵を多用した．

【主要目次】1. 基本の「き」　2. テイラー展開　3. 多変数・ベクトル関数の微分　4. 線積分・面積分・体積積分　5. ベクトル場の発散と回転　6. フーリエ級数・変換とラプラス変換　7. 微分方程式　8. 行列と線形代数　9. 群論の初歩

力学・電磁気学・熱力学のための 基礎数学

松下 貢 著　A5判／242頁／定価 2640円（税込）

　「力学」「電磁気学」「熱力学」に共通する道具としての数学を一冊にまとめ，豊富な問題と共に，直観的な理解を目指して懇切丁寧に解説．取り上げた題材には，通常の「物理数学」の書籍では省かれることの多い「微分」と「積分」，「行列と行列式」も含めた．

【主要目次】1. 微分　2. 積分　3. 微分方程式　4. 関数の微小変化と偏微分　5. ベクトルとその性質　6. スカラー場とベクトル場　7. ベクトル場の積分定理　8. 行列と行列式

大学初年級でマスターしたい 物理と工学の ベーシック数学

河辺哲次 著　A5判／284頁／定価 2970円（税込）

　手を動かして修得できるよう具体的な計算に取り組む問題を豊富に盛り込んだ．

【主要目次】1. 高等学校で学んだ数学の復習 －活用できるツールは何でも使おう－　2. ベクトル －現象をデッサンするツール－　3. 微分 －ローカルな変化をみる顕微鏡－　4. 積分 －グローバルな情報をみる望遠鏡－　5. 微分方程式 －数学モデルをつくるツール－　6. 2階常微分方程式 －振動現象を表現するツール－　7. 偏微分方程式 －時空現象を表現するツール－　8. 行列 －情報を整理・分析するツール－9. ベクトル解析 －ベクトル場の現象を解析するツール－　10. フーリエ級数・フーリエ積分・フーリエ変換 －周期的な現象を分析するツール－

物理数学　［物理学レクチャーコース］

橋爪洋一郎 著　A5判／354頁／定価 3630円（税込）

　物理学科向けの通年タイプの講義に対応したもので，数学に振り回されずに物理学の学習を進められるようになることを目指し，学んでいく中で読者が疑問に思うこと，躓きやすいポイントを懇切丁寧に解説している．また，物理学科の学生にも人工知能についての関心が高まってきていることから，最後に「確率の基本」の章を設けた．

【主要目次】0. 数学の基本事項　1. 微分法と級数展開　2. 座標変換と多変数関数の微分積分　3. 微分方程式の解法　4. ベクトルと行列　5. ベクトル解析　6. 複素関数の基礎　7. 積分変換の基礎　8. 確率の基本

裳華房ホームページ　https://www.shokabo.co.jp/